INGENIEURBAUKUNST 2019

INGENIEURBAUKUNST 2019
MADE IN GERMANY

Herausgegeben von der Bundesingenieurkammer

Mit freundlicher Unterstützung:

EDITORIAL

Das Jahrbuch „Ingenieurbaukunst 2019 – Made in Germany" stellt wiederum die interessantesten und spannendsten Projekte vor, an denen Ingenieurinnen und Ingenieure unseres Landes federführend beteiligt waren. Geografisch reicht die Palette von Oslo im europäischen Norden bis ins südaustralische Melbourne.

Der Brückenbau, oft auch als Königsdisziplin des Ingenieurbaus bezeichnet, ist mit der Hamburger Rethe-Doppelklappbrücke und der spektakulären Taminabrücke in der Schweiz prominent vertreten. Interessante und ungewöhnliche Dachkonstruktionen werden gleich mehrfach vorgestellt. Mit dem Futurium in Berlin und der CentraleSupélec in Paris werden außerdem Bauwerke präsentiert, die für die Weiterentwicklung von Wissenschaft und Forschung große Bedeutung haben.

Im Rahmen der Essays wird Willy Gehler porträtiert, der in der ersten Hälfte des 20. Jahrhunderts als technischer Direktor bei Dyckerhoff & Wiedmann und als Professor an der TU Dresden zu den wissenschaftlichen Pionieren des Stahlbetonbaus gehörte. Seine Zusammenarbeit mit den Nazis zwischen 1933 und 1945 wirft aber ethische und moralische Fragen auf, die auch heute noch aktuell sind.

Wer die seit 2001 von der Bundesingenieurkammer herausgegebene Jahrbuchreihe bereits kennt, weiß, dass die einzelnen Exemplare eindrucksvoll auch den Wandel dokumentieren, der sich im Bauingenieurwesen in den letzten 20 Jahren vollzogen hat.

Danken möchte ich dem Bundesministerium des Innern, für Bau und Heimat, das uns bei der Produktion des Jahrbuchs wiederum sehr unterstützt hat.

Ich wünsche allen Leserinnen und Lesern des Jahrbuchs 2019 viel Spaß bei der Lektüre und hoffe sehr, dass die interessanten Beiträge eine große Resonanz in der Fachwelt und der interessierten Öffentlichkeit finden werden.

Hans-Ullrich Kammeyer
Präsident der Bundesingenieurkammer

INHALT

Projekte

8 Hightech im Denkmal – Elemente aus technischer Kaltkeramik für die Staatsoper Unter den Linden in Berlin

16 Große Klappen für den Hamburger Hafen – Neubau der Rethe-Doppelklappbrücke

24 Ein herausragender Ort für Präsentation und Dialog – Das Futurium im Berliner Regierungsviertel

32 Ein Superblock mit einem Himmel aus transluzenten Kissen – Die neue Ingenieurschule CentraleSupélec im Süden von Paris

40 Die Ästhetik des Bauens – Die Taminabrücke in der Schweiz

48 Schwungvolle Überdachung – Die Schierker Feuerstein Arena

56 Bauen mit Rezyklaten – Die Experimentaleinheit UMAR im Schweizer NEST-Campus

64 Stimmige Vereinbarkeit von Holzbau und Brandschutz – Die neue Turnhalle in Haiming

70 Ein Himmel aus Glas – Die filigrane Freiform-Gitterschale über dem Einkaufszentrum Chadstone in Melbourne

78 Weltbekanntes Baudenkmal erhält nicht nur hübsches Kleid – Neues Prora auf Rügen

86 Eine einladende Material-Melange mit sehr viel Transparenz – Das neue Empfangsgebäude der HanseMerkur Versicherung AG in Hamburg

94 Kreative Ingenieurkunst in Norwegens Hauptstadt – Die neue Deichmanske Bibliotek

102 Leuchtendes Symbol über den Bergbau hinaus – Das Saarpolygon auf der Halde Duhamel in Ensdorf

110 Eine markante Klammer zwischen Bahnhof und Stadt – Der neue Busbahnhof von Rheine

116 Bau der längsten SS80-Brücke Deutschlands – Die Echelsbacher Behelfsbrücke

124 Ein stadtbildprägender Bau erfindet sich neu – Sanierung und Umbau des Finnlandhauses in Hamburg

132 Bewahrung der ältesten Kultstätte der Menschheit – Ein Schutzdach für den Göbekli Tepe

140 Die Schwingen des Phönix – Das Glasdach der Jinji Lake Mall in Suzhou

Forschung, Geschichte, Essay

146 Energiekonzepte als wesentlicher Bestandteil nachhaltigen Bauens

154 Die Querbahnsteighalle des Hauptbahnhofes Leipzig als ein typisches Projekt Willy Gehlers

164 Blick in die Nachbarschaft – Bemerkungen zu Ingenieurwettbewerben in der Schweiz

174 Baukultur in Deutschland – Ingenieurwettbewerbe im Brückenbau

178 **Anhang**

HIGHTECH IM DENKMAL – ELEMENTE AUS TECHNISCHER KALTKERAMIK FÜR DIE STAATSOPER UNTER DEN LINDEN IN BERLIN

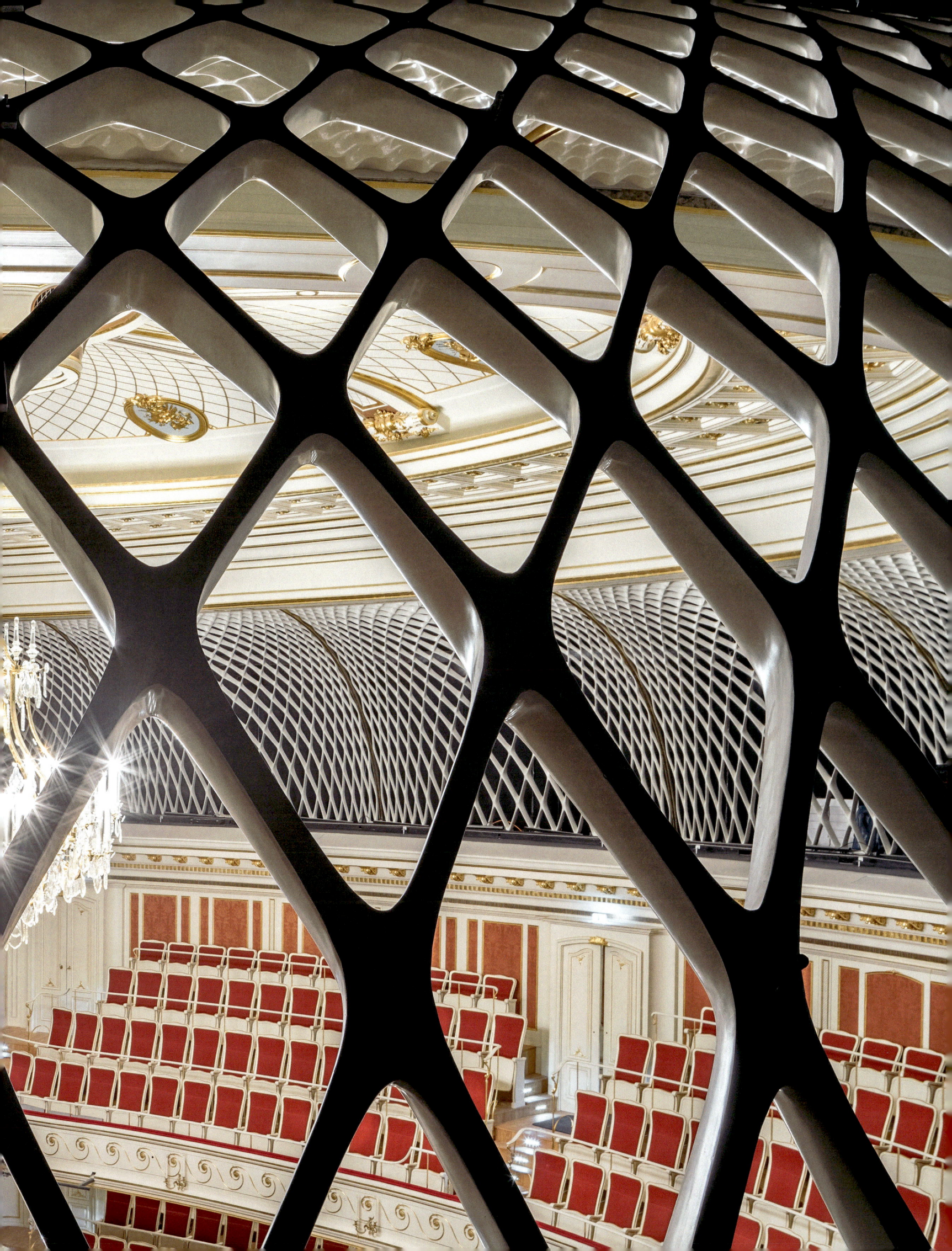

1 Denkmalgerechter Umbau der Staatsoper Unter den Linden

Seite 11:
2 Vergleich des Opernhaussaals vor (linker Bildteil) und nach dem Umbau (rechter Bildteil)

Die Staatsoper Unter den Linden in Berlin ist von Beginn ihrer Entstehung an bis heute ein Spiegelbild des technischen Fortschritts der jeweiligen Epoche. Mit der Nachhallgalerie hat sie nun ein innovatives, neues Bauteil erhalten, das den Besuchern den großen Entwicklungssprung auch all der sonst eher verborgenen großen technischen Neuerungen der jüngsten Instandsetzung eindrücklich sichtbar macht. Dabei steht die Verwendung glasfaserverstärkter Phosphat-Keramik in Verbindung mit dem Einsatz modernster Fabrikationstechniken in faszinierendem Kontrast zur historischen Rekonstruktion des Zuschauersaales im Rahmen der Generalsanierung. Hinsichtlich der Fabrikationstechnologie sowie der technischen Eigenschaften des eingesetzten Materials wurde Neuland beschritten.

Eine Besprechung im Frühjahr 2008 gab den Ausschlag: Alles drehte sich um die Frage, wie die Lücke geschlossen werden könnte, die sich zwischen dem oberen Rang und der Saaldecke auftäte, wenn die Saaldecke planerisch um 5 Meter angehoben würde, um die Nachhallzeit zu verlängern. Welche Gestalt und welches Material wären wohl adäquat für das größte, auf den ersten Blick sichtbare neue gestalterische Bauteil, welches nicht historischer Teil der umfangreichen Sanierung und Rekonstruktion der Staatsoper Unter den Linden (Bild 1) sein sollte?

Das Opernhaus wurde von Kronprinz Friedrich II. und Georg Wenzeslaus von Knobelsdorff als Teil des Fridericianums konzipiert und 1742 eröffnet. Durch Brand, Zerstörungen und steigende Anforderungen an den Opernbetrieb und schließlich den Wiederaufbau nach 1951 durch den Architekten Richard Paulick ist das Gebäude einem steten Wandel unterworfen gewesen. Nun folgte also die Implementierung einer Nachhallgalerie im Rahmen der Generalinstandsetzung von 2009 bis 2017 unter der Leitung von Prof. Merz.

Der bestehende Saal wies im besetzten Zustand eine vergleichsweise kurze Nachhallzeit von 1,1 Sekunden auf. Als wesentliche Ursache wurde das im Verhältnis zur Anzahl der Zuschauer geringe Raumvolumen identifiziert.

Entwurf

Durch das von Akustikern und Architekten entwickelte Konzept der Anhebung der Saaldecke ergab sich im Innenraum eben jene horizontale Fuge, vor die nun ein Rautenmuster (Bild 2) gelegt werden sollte, das mit modernster Fabrikation und Materialität Neuland beschreitet und damit einen Kontrapunkt zur ansonsten historischen Wiederherstellung darstellt. Die Struktur greift das friederizianische Rautenmuster und die Teilung der Saaldecke auf und gliedert sich in 13 sphärisch gekrümmte Elemente, die ein organisches Erscheinungsbild erzeugen. Für die Umsetzung der komplexen Geometrie eignete sich nur ein gießfähiges Material. Damit war klar, dass nicht nur akustische Anforderungen, sondern auch Aspekte der Fertigung, Materialtechnologie und -chemie Kernelemente des technischen und ingenieurmäßigen Entwicklungsprozesses sein würden.

In einem ersten Schritt wurde die Geometrie zunächst so rationalisiert, dass für die Erstellung von 13 Abzügen nur noch fünf verschiedene Formen erforderlich waren (Bild 3). Um Fertigung, Transport und Einbau zu vereinfachen, wurde jedes Grundsegment zusätzlich in der Mittelachse durch eine Stoßfuge geteilt. Die Flankenwinkel der einzelnen Stabzüge mussten angepasst werden, um die Elemente nach dem Aushärten zwängungsfrei aus einer Negativform ausformen zu können. Maschineneinsatz- und Standzeiten der zum Zuge kommenden Fräsroboter konnten durch eine Optimierung der Ausrundungsgeometrien für spezifische Fräskopfdurchmesser minimiert werden. Die Herstellung wurde vorab im Labor an Kleinproben getestet (Bild 4).

Neben der Gießfähigkeit des Materials war zu berücksichtigen, dass die Struktur neben ihrem eigenen Gewicht auch außerplanmäßigen Lasten wie Anprall standhalten muss und daher auch eine gewisse Schlagzähigkeit aufzuweisen hat. Des Weiteren sollten sich Oberflächentextur und Materiallogik nahtlos in den Innenraum des Zuschauersaals einfügen.

3 Grundsegmentierung der Rautenstruktur und Teilung durch Stoßfugen

4 Fräsen der Form am ITKE Stuttgart

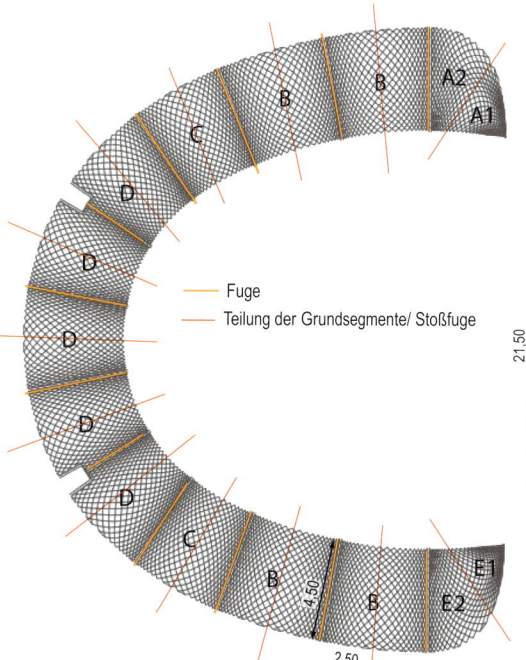

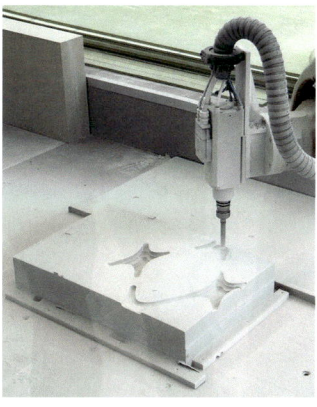

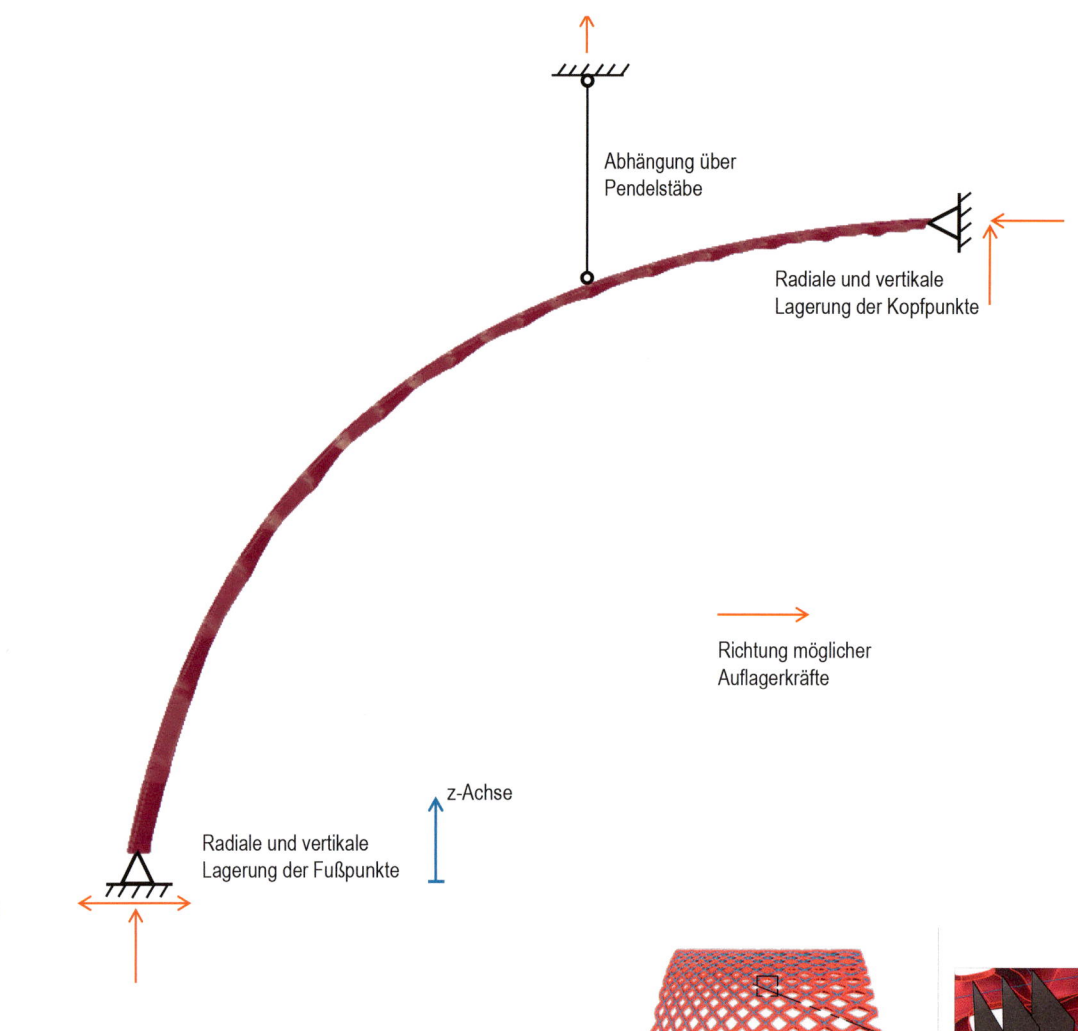

5 Statisches System, beispielhaft für Teilsegment B
6 Vergleich der Querschnitte an zwei Stäben für Teilmodell B. (rot: Idealisierung, schwarz: tatsächlicher Querschnitt

Nach Untersuchung zahlreicher Materialalternativen fiel die Wahl schließlich auf eine Lösung aus glasfaserverstärkter Phosphat-Keramik (CBPC). Dieser Verbundwerkstoff bietet herausragende Möglichkeiten, die mechanischen Eigenschaften den Erfordernissen anzupassen, um beispielsweise ein hohes Verhältnis von Festigkeit zu Eigengewicht zu erreichen. Dabei ist die Zugfestigkeit der Keramik ähnlich wie bei Beton gering. Die eingelegten Fasern aus alkaliresistentem (AR-)Glas erhöhen die Steifigkeit und helfen Rissbildungen an der Oberfläche zu vermeiden. Hinzu kommt, dass die Keramik absolut hitzebeständig ist und damit die strengen Brandschutzanforderungen (Klassifizierung A1) erfüllt.

Tragkonzept und Dimensionierung

Das statische System ist prinzipiell für alle Teilsegmente der gesamten Rautenstruktur identisch. Bild 5 zeigt einen beispielhaften Schnitt durch Teilsegment B. Die Schalentragwirkung ist gering und die Bauteile werden im Wesentlichen auf einachsige Biegung und Druck beansprucht.

Der Einsatz von faserverstärkten Verbundwerkstoffen ist im Bauwesen in den letzten Jahren aufgrund überzeugender Vorteile bei speziellen Anforderungen erheblich gewachsen. Es handelt sich aber weiterhin um nicht geregelte Baustoffe, für deren Entwurf und die Tragwerksplanung national und international häufig nur unvollständige oder unwirtschaftliche Bemessungskonzepte verfügbar sind, auf die im Rahmen der Bemessung der Bauteile zurückgegriffen werden konnte.

Alle Lasten und Lastfallkombinationen werden gemäß der relevanten Eurocode-Teile angesetzt. Im Rahmen von experimentellen Untersuchungen, welche die Grundlage für die Erteilung der erforderlichen Zustimmung im Einzelfall (ZiE) bilden, wurden die charakteristischen Materialkennwerte $f_{k0,05}$ für alle wesentlichen Festigkeiten ermittelt. Abminderungsbeiwerte zur Erfassung von Temperatur- und Medieneinflüssen sowie der Lasteinwirkungsdauer wurden dann im Rahmen der

7 Zwölf Ein-Quadratmeter-Mustertafeln für akustische Untersuchungen

statischen Berechnung gemäß BÜV-Richtlinie „Tragende Kunststoffbauteile im Bauwesen" berücksichtigt.

Zur Generierung der Finite-Elemente-Modelle wurde eine Schnittstelle zur CAD-Software entwickelt, um die komplexe 3D-Geometrie des Bauteils präzise und mit geringem Aufwand in die Berechnungssoftware einzulesen. Somit war die Optimierung der Geometrie nach tragwerkstechnischen Gesichtspunkten einfach möglich. Aufgrund der Wiederholung und Symmetrie der Segmente erfolgte die Bemessung der gesamten Rautenstruktur schließlich anhand von vier repräsentativen Teilsegmenten.

Die als offene Flächenverbände zur Verfügung gestellten Liniengeometrien der Architekten dienten als Systemlinien für die Generierung der FE-Modelle. Um die freigeformte Volumengeometrie mit Stabelementen möglichst exakt abbilden zu können, mussten die komplexen und über die Stablängen veränderlichen Querschnitte entsprechend definiert werden. Durch eine Überlagerung der originalen Geometrie (3D-Flächenverband) und des Stabmodells mit idealisierten Querschnitten (Bild 6) konnte gezeigt werden, dass die Flächen sowie Trägheitsmomente der idealisierten Querschnitte generell kleiner sind als die der tatsächlichen Querschnitte. Die Modellierung liefert somit konservative Ergebnisse.

Vorversuche und Genehmigungsprozess

Die eingesetzte Phosphat-Keramik Vubonite wurde erstmalig für ein architektonisches Bauteil dieser Größe verwendet. Da keine belastbaren Kenntnisse zu den technischen Eigenschaften vorlagen, wurde die Entwurfsplanung vom Institut für Tragkonstruktionen und Konstruktives Entwerfen (ITKE) der Universität Stuttgart und der Vrije Universiteit Brussel, Belgien, begleitet. Zunächst wurden die Verarbeitbarkeit des Materials hinsichtlich der Fließfähigkeit und die Vorgehensweise zum Tränken und Einlegen der Faserstränge untersucht. Dabei erkannte man, dass die Matrix mit Thixotropie-Mittel zu versetzen ist, um sie dickflüssiger zu machen und so auch in den gekrümmten Bereichen besser verwenden zu können.

Die Herstellung von zwölf Mustertafeln (Bild 7) diente in erster Linie schalltechnischen Untersuchungen, jedoch wurden die Elemente auch genutzt, um weitere Erkenntnisse über Fertigungsabläufe zu erlangen. Sie lieferten Informationen zur Porigkeit der Oberflächen, zur Farbstabilität und Lunkerbildung sowie zu Schwindeigenschaften des Materials. Für den Einsatz des bauaufsichtlich nicht zugelassen bzw. nicht geregelten Materials CBPC musste eine ZiE beantragt werden. Mit der Durchführung der erforderlichen experimentellen Untersuchungen, der Erstellung einer gutachterlichen Stellungnahme auf Grundlage der durchgeführten Bauteil-

8

9

10

11

prüfungen zur Unterstützung der Erteilung der ZiE sowie fertigungsbegleitender Untersuchungen wurde die Materialprüfanstalt (MPA) Stuttgart betraut.

Ziel des Zustimmungsverfahrens waren die versuchsgestützte Ermittlung von charakteristischen Materialkennwerten sowie die Festlegung von Bemessungswerten für die statischen Nachweise der Raumschalenstrukturen und deren Befestigungselementen. Unter Berücksichtigung des Tragverhaltens bzw. der in den Bauteilen auftretenden Beanspruchungen wurden Biege-, Druck- und Schubversuche an idealisierten Querschnitten sowie Auszugversuche der Befestigungselemente am tatsächlichen Querschnitt durchgeführt. Nach Erteilung der ZiE durch die oberste Bauaufsichtsbehörde konnte mit der Fertigung begonnen werden.

Fertigung und Montage

Zunächst hat die Firma FIBER-TECH Construction GmbH mit einem fünfachsigen Portalfräsroboter Positivformen aus Brettschichtholz gefräst (Bild 8). Grundlage hierfür waren die Daten der parametrisch generierten 3D-Modelle. Nach dem maschinellen Fräsvorgang wurde die Oberfläche händisch geglättet. Von der Positivform wurde anschließend ein Silikonabdruck (Bild 9) genommen und auf eine tragende Holz-Unterkonstruktion aufgelegt. Nach dem Aufbringen eines Trennmittels wurde im nächsten Arbeitsschritt der sogenannte Gel-Coat aufge-

8 Positivform aus Brettschichtholz
9 Negativform aus Silikon
10 Einbringen der Rovings
11 Entformen eines Bauteils

12

13

tragen und die Form dann mit der Matrix aus Phosphat-Keramik, in welche Kurzfasern integriert sind, um eine rissfreie Optik zu gewährleisten, ausgestrichen. Die Glasfasern wurden anschließend in Form von kontinuierlichen Strängen, sogenannten texturierten Rovings mit der Keramikmasse vorgetränkt und als gestreckte Bündel in mehreren Lagen entlang der Stabzüge in die Keramikmasse einlaminiert (Bild 10).

Direkt nach der Fertigstellung wurde das Bauteil mit Kunststofffolie luftdicht verschlossen und härtete zunächst bei Zimmertemperatur 24 Stunden aus. Nach dem Entformen (Bild 11) härtete der Abzug weitere 24 Stunden bei 60 °C nach.

Vor Ort wurden die auf Transportgestellen befestigten Elemente mit dem Turmdrehkran durch eine Dachöffnung eingehoben (Bild 12) und auf einem Raumgerüst, welches für die Restaurierung der Saaldecke vorgesehen war, verschoben. Die ausführende Firma nutzte hierfür ein eigens entwickeltes Transportgerät, den sogenannten Hoover, welcher mithilfe von großflächig angeordneten Luftkissen die Lasten gleichmäßig auf das Raumgerüst verteilte (Bild 13). Die Segmente wurden schließlich auf ihren Fußpunkten aufgesetzt, aufgerichtet und fixiert.

Thorsten Helbig, Boris Peter, Florian Scheible, Matthias Oppe

12 Einhub mit Turmdrehkran und Transportgestell
13 Manipulation auf dem Raumgerüst mittels Hoover

OBJEKT
Nachhallgalerie – Staatsoper Unter den Linden
STANDORT
Berlin
BAUZEIT
2009–2017
BAUHERR
Senatsverwaltung für Stadtentwicklung Berlin
INGENIEURE + ARCHITEKTEN
Architekt: HG Merz Architekten, Stuttgart, Berlin
Tragwerksplaner: Knippers Helbig GmbH, Stuttgart
Team: Thorsten Helbig, Jan Knippers, Florian Scheible, Matthias Oppe, Laurent Giampellegrini, Markus Gabler

BAUAUSFÜHRUNG
FIBER-TECH Construction GmbH, Chemnitz, Dr.-Ing. Matthias Pfalz
Gutachter ZiE: Materialprüfanstalt Universität Stuttgart – Team: S. Keller, D. Lotze
Mitwirkende im Rahmen der Eigen- und Fremdüberwachung: Technische Universität Chemnitz, Fakultät für Maschinenbau, Professur Strukturleichtbau und Kunststoffverarbeitung, Fachgruppe: Leichtbau im Bauwesen – Team: Sandra Gelbrich, Andreas Ehrlich
AUSZEICHNUNGEN
materialPREIS 2017 (Kategorie Material)
Ingenieurbaupreis 2018 (Anerkennung)

GROSSE KLAPPEN FÜR DEN HAMBURGER HAFEN – NEUBAU DER RETHE-DOPPELKLAPPBRÜCKE

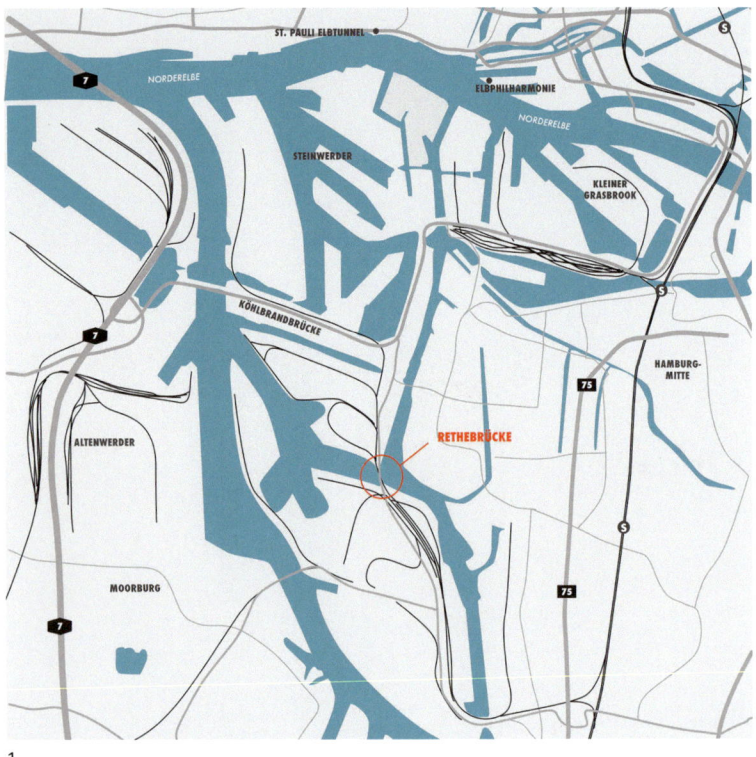

1 Lageplan
2 Luftbild neue und alte Brücke

Mit dem Neubau der Rethe-Doppelklappbrücke, die eine Spannweite von gut 104 Metern aufweist, entstand im Hamburger Hafen Europas größte Doppelklappbrücke ihrer Art. Sie überführt Bahn- und Straßenverkehr über getrennte Querschnitte, die eine wirtschaftliche Dimensionierung der Brücken entsprechend der unterschiedlichen Belastungen aus Bahn- und Straßenverkehr ermöglichen.

Die Ausmaße der Klappen resultieren in ebenso mächtigen Klappenpfeilern, welche mit einer Tiefe im Baugrund von 21,7 Metern im Tidebereich der Elbe besondere Verankerungsmaßnahmen erforderten. Das Tragwerk der Brücke wird je Brückenseite aus vier sich zur Brückenmitte hin verjüngenden Fachwerkträgern gebildet. Im geschlossenen Zustand der Brücke ermöglicht eine spezielle Fingerkonstruktion in der Brückenmitte, die ohne eine mechanische Verriegelung auskommt, die Übertragung positiver Momente.

Bedeutung und Nutzung

Die Rethequerung liegt am südlichen Rand des inneren Hamburger Hafengebietes und erfüllt verkehrlich eine wichtige Funktion als Hauptstraßenverbindung von/nach Süden in Richtung Harburg zur Autobahn A1 und zur Süderelbquerung über die Kattwykbrücke Richtung A7. Eine überörtliche Bedeutung hat die Querung auch als Alternative für Hafenverkehre, die nicht die stark belastete Köhlbrandbrücke nutzen. Die Ansiedlung neuer Gewerbebetriebe auf der Hohen Schaar in den letzten Jahren macht die wirtschaftliche Bedeutung dieses Hafenstandortes deutlich (Bild 1).

Mit dem Neubau der Rethe-Doppelklappbrücke konnten insgesamt drei vorhandene, höhengleiche Bahnübergänge aufgehoben werden, so dass der Hafenbahnverkehr nun unabhängig vom Straßenverkehr fließt. Aufgrund des schlechten Bauwerkszustandes der 1934 errichteten Rethehubbrücke und der zu geringen Durchfahrtsbreite von 42 Metern wurde seitens der zuständigen Hamburg Port Authority AöR (HPA) entschieden, ein neues bewegliches und modernes Brückenbauwerk zu errichten. Durch die Anordnung von vier Brückenklappen können beide Verkehrsträger unabhängig voneinander überführt werden. Dadurch optimiert sich die für den Hamburger Hafen so lebenswichtige Verfügbarkeit der Infrastruktur erheblich (Bild 2).

Konstruktion und Gestaltung

Kern des Neubauprojektes im Hamburger Hafen ist der Ersatzneubau der Rethe-Hubbrücke durch eine neue Doppelklappbrücke mit einer Spannweite von 104,2 Metern. Es setzt sich zusammen aus der beweglichen Brücke und den anschließenden Vorlandbrücken sowie den Dammstrecken für Bahn und Straße.

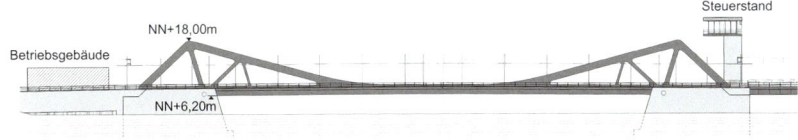
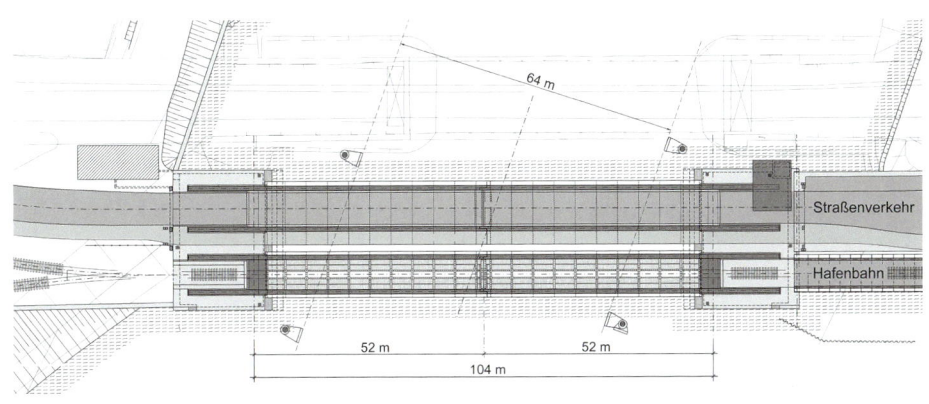
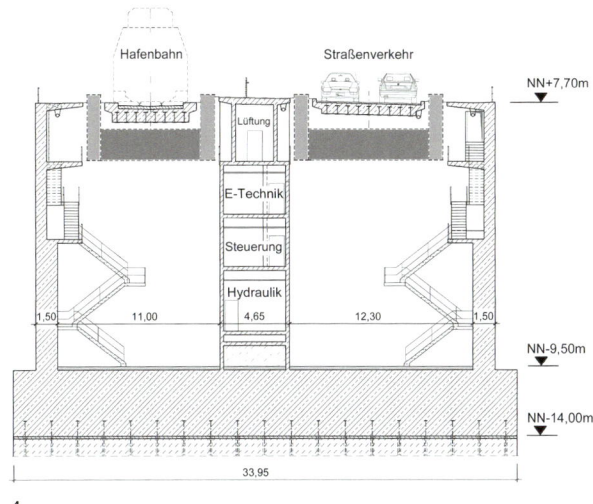

3 Ansicht (West) und Draufsicht
4 Querschnitt am Klappenpfeiler

In den Brückenabschnitten besitzen Straße und Hafenbahn getrennte Überbauten, die je Achse auf gemeinsamen Unterbauten aufgelagert werden. Die beweglichen Brücken sind als zweiflügelige Klappbrücken in Stahlbauweise ausgebildet und weisen ein Gewicht von jeweils ca. 1400 Tonnen einschließlich des Gegengewichtes auf. Die Querschnittsbreiten wurden anhand der Anforderungen von Straße und Hafenbahn festgelegt. Die Gesamtbreite der Straßenbrücke zwischen den Geländern beträgt ca. 13,75 Meter, die der Bahnbrücke etwa 10,2 Meter. Der Querschnitt der Straßenbrücke ist geschlossen (als orthotrope Platte) und der Querschnitt der Bahnbrücke offen ausgeführt (Bild 3).

Im Bereich der Klappenspitze sind die Hauptträger als Kastenträger ausgebildet. Nach ca. 15 Metern weitet sich der Kastenträger zu einem Fachwerkträger auf. Bis auf die Diagonalen ist der Hauptträger als luftdicht verschweißter Hohlkasten ausgebildet. Von der Klappenspitze weitet sich die Konstruktionshöhe von 2 Metern auf 12 Meter am Hochpunkt der Brücke über dem Drehlager auf.

Die Unterbauten der Klappbrücken werden als Klappenpfeiler bezeichnet und wurden als Stahlbetonkonstruktion errichtet. Die Gründung erfolgte als tiefgelegte Flachgründung. Der Klappenpfeiler dient außerdem zur Aufnahme einiger maschinenbaulicher und elektrotechnischer Anlagen (Bilder 4 und 5).

5 Blick in den Klappenpfeiler

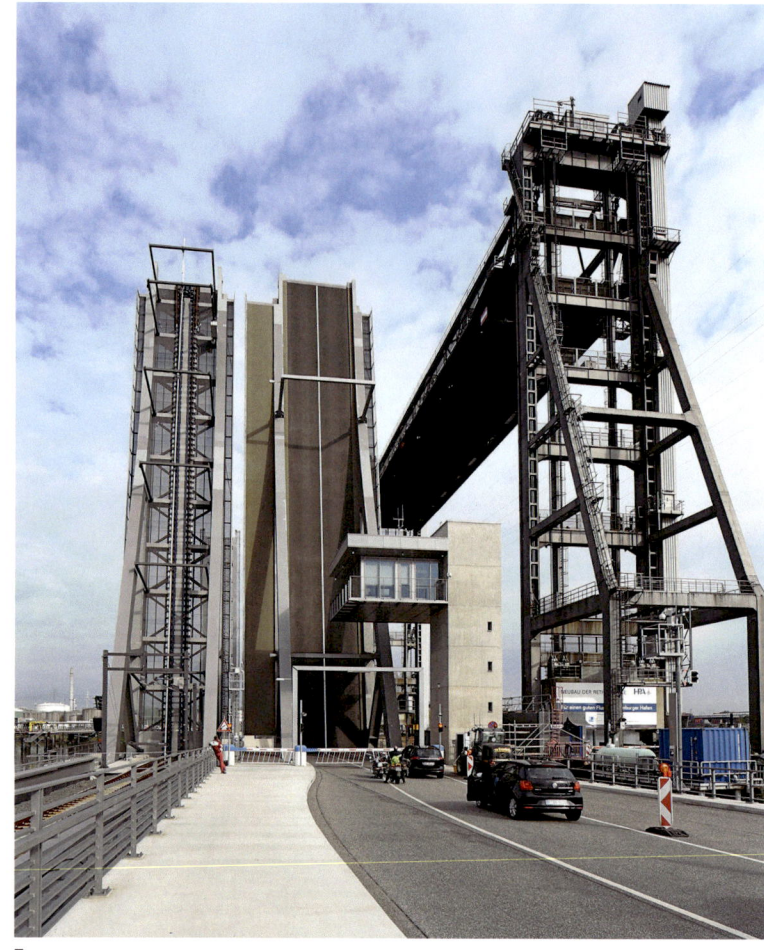

6 Luftbild des Brückenensembles
7 Blick von Süden auf den Steuerstand

Die Fahrbahnplatten für Straße und Bahn wurden im Bereich der Klappenkeller als sogenannte WIB-Konstruktion (Walzträger in Beton) gebaut. Die Lagerung der Schienen auf der Klappbrücke erfolgte auf Stahlbrückenschwellen. Im Vorlandbereich und auf den Vorlandbrücken wurden Holzschwellen im Schotterbett angeordnet. Die Energieversorgung der Doppelklappbrücke erfolgt von einem Betriebsgebäude auf der Nordseite der Rethe. Die beiden Klappenpfeiler sind durch einen Düker (für Steuerungs- und Energieleitungen) verbunden. Das Öffnen und Schließen der Klappbrücken erfolgt durch insgesamt acht (je Klappenflügel zwei) ca. 17 Meter lange Hydraulikzylinder.

Das so entstandene Brückenensemble aus Doppelklappbrücke, Vorlandbrücken und der südlich anschließenden Straßenbrücke über die Hafenbahngleise hat eine Gesamtlänge von ca. 450 Metern (Bild 6). Vor diesem Hintergrund kommt der Gestaltung dieses Ingenieurbauwerkes besondere Bedeutung zu. Gestalterische Sorgfalt bis ins Detail wertet die Brücke ihrer Bedeutung entsprechend auf. Sich über die gesamte Länge des Brückenbauwerks wiederholende Elemente, Farben und Materialien schaffen ein in sich geschlossenes Bild. Der an den südlichen Klappenpfeiler der Brücke angedockte Steuerstand und das Betriebsgebäude im Nordosten der Brücke ergänzen den Brücken- und Straßenbau in hochbaulicher Form. Der Heterogenität der Umgebung wird eine klare Formensprache mit reduzierten Farben und ruhigen Oberflächen entgegengesetzt. Die Oberflächen sollen in erster Linie Aufschluss über das Material geben, was dem Gesamtbild etwas Selbstverständliches gibt (Bild 7).

In der Seitenansicht des Brückenbauwerks wird die Linie der Kappen der Vorlandbrücken in den Randträgern der Wartungsstege der Stahlbrücken aufgenommen. Dieses durchlaufende Band zeichnet den Verlauf der Brücke nach und bindet die Abschnitte zu einer Einheit zusammen. An den Klappenpfeilern setzt eine auf Unterkante des „Bandes" angeordnete Fuge im Beton die Linie fort. Nördlich der Klappbrücke werden Straße und Gleise durch eine entsprechende Ufermodellierung mithilfe von Uferwänden bis zur eigentlichen Brücke herangeführt. Die Linie entlang des Brückenverlaufs wird hier durch den die Spundwände nach oben abschließenden Holm fortgeführt. Alle Stahlteile wurden mit Eisenglimmerfarbe in einem mittleren Grauton gestrichen. Die im Licht schimmernde Oberfläche gibt Aufschluss über das Material Stahl und ist im weiteren Unterhalt der Brücke sehr beständig. Innerhalb der bunten und unruhigen Umgebung zwischen Industrie und Natur ist die Stahlfarbe bewusst dezent gewählt (Bild 8).

Die in den Klappenpfeilern sowie in den Körpern des Steuerstandes und des Betriebsgebäudes wiederkehrende Materialität und Oberflächenbeschaffenheit fasst die Elemente zusammen und betont das Bild der Zu-

sammengehörigkeit der Gesamtanlage. Die nur gering variierende Farbigkeit der Bauteile und Materialien trägt zur Verstärkung dieses Eindrucks bei. Der flache Baukörper des Betriebsgebäudes liegt langgestreckt entlang der Straße nordöstlich der Rethe-Doppelklappbrücke. Die Außenhaut aus Beton greift die Materialität der Klappenpfeiler der Brücke auf und markiert die Zugehörigkeit zum Gesamtbauwerk. Eine Konkurrenz zu der offenen Form des Fachwerks der Klappbrücke in direkter Nachbarschaft wird bewusst vermieden.

Der Steuerstand, von dem aus das Öffnen und Schließen der Klappbrücke ausgelöst und überwacht wird, ist an das südliche Widerlager angedockt. Er entwickelt sich geradezu aus dem Widerlager heraus und bildet mit ihm einen markanten, skulpturalen Körper. Der stark senkrecht orientierte Baukörper wirkt als Solitär und bildet gleichzeitig einen Gegenpol zu dem horizontal liegenden Körper des Betriebsgebäudes.

Besondere Herausforderungen der Ausführung

Die Arbeiten an den Klappenpfeilern wurden in geschlossenen Baugruben mit rückverankerten Unterwasserbetonsohlen in direkter Nachbarschaft von sensiblen, setzungsempfindlichen und ständig unter Betrieb stehenden Bauwerken wie der bestehenden Rethe-Hubbrücke und Öl-/Diesel-/Stickstoffdükerleitungen eines Anrainers durchgeführt, so dass während der Bauarbeiten den Erschütterungen und den zulässigen Verformungen besonderes Augenmerk galt. Durch besonders schonende Bauweisen und eine ständige messtechnische Überwachung konnten Schäden vermieden werden (Bild 9). Die Unterwasserbetonsohle der Klappenpfeiler war mit mehr als 200 Sohlankern gegen Auftrieb zu sichern. Im Endzustand tragen diese Verpresspfähle die Bauwerkslasten in die tragfähigen Bodenschichten ab und sichern so das aufgrund des anstehenden weichen Hafenbaugrunds setzungsempfindliche Bauwerk.

8 Ansicht von Westen auf die Verkehrslage
9 Baugrube des nördlichen Klappenpfeilers

10

10 Schwimmkran beim Einheben eines Klappenteiles
11 Blick auf die geöffneten Klappen und den Steuerstand

Seite 23:
12 Die Brückenfinger an der Klappenspitze

Alle Brückenteile der Doppelklapp- und Vorlandbrücken wurden – mit Ausnahme der Vorlandbrücke Straße – im Juli 2014 mit einem 1000-Tonnen-Schwimmkran eingehoben und an die Drehlager der Klappenpfeiler montiert (Bild 10).

Bei der schlüsselfertigen Erstellung des Gesamtprojektes samt Steuerstand und Betriebsgebäude waren neben den Stahlbeton- und Stahlbauarbeiten auch Anlagen der Hydraulik, Maschinen- und E-Technik sowie die Programmierung der gesamten Steuerungs- und Automatisierungsvorgänge zu erstellen, was eine intensive Zusammenarbeit aller Fachgewerke erforderte (Bild 11).

Als besondere Herausforderung zeigte sich die Inbetriebnahme des Bahnteils der Doppelklappbrücke, die als europaweit längste Bahnklappbrücke gilt. Durch zahlreiche Sonderbauteile und noch dazu im Endzustand elektrifiziert, ist die Brücke ein Unikat, welches einem umfangreichen Genehmigungslauf ausgesetzt war, der zur Inbetriebnahme am 13. Dezember 2017 seine Bestätigung erfuhr – nachdem bereits im Juli 2016 die Straßenklappbrücke dem Verkehr übergeben werden konnte.

Wirtschaftlichkeit und Nachhaltigkeit

Die Wirtschaftlichkeit einer beweglichen Brücke wird noch viel stärker als bei festen Brücken von den Be-

11

triebs- und Unterhaltungskosten bestimmt. Insbesondere bewegliche Teile stellen bei jeder Klappbrücke die Schwachpunkte der Konstruktion dar. Will man die Wirtschaftlichkeit über den Lebenszyklus verbessern, so gilt es, diese beweglichen Teile zu reduzieren oder, wenn möglich, ganz auf diese zu verzichten. Die Rethe-Doppelklappbrücke stellt diesbezüglich einen Meilenstein dar. Erstmalig wurde bei einer so großen Klappbrücke gänzlich auf eine mechanische Verriegelung der Klappen

12

in der Brückenmitte verzichtet. Konventionell wird ein wartungsintensives und anfälliges System genutzt, bei dem an diesem Punkt mittels elektrisch oder hydraulisch angetriebener Riegel Querkräfte und Momente übertragen werden.

Durch die konstruktive Ausbildung der Hauptträgerspitzen der neuen Rethe-Doppelklappbrücke als Finger können ebenfalls Querkräfte und Momente durch das gegenseitige Übergreifen der Finger übertragen werden, indem sich beim Schließvorgang die Finger gegenseitig aufeinander abstützen (Bild 12).

Für die Steuerung der Klappen beim Schließvorgang ist ein intelligenter Gleichlauf der Klappen erforderlich. Da die reale Position der Klappen durch unterschiedliche Temperaturverformungen oder Bauwerkssetzungen oder Steuerungsungenauigkeiten von der theoretischen Position abweichen kann, ist eine verlangsamte Fahrt am Ende des Schließvorgangs erforderlich. Durch eine eigens entwickelte spezielle und komplexe Steuerung kann sowohl eine unplanmäßige Kollision der Finger als auch eine Überlastung der Antriebe vermieden werden.

Durch die intelligente Brückenkonstruktion mit innovativer riegelloser Fingerkonstruktion werden bewegliche Teile und der Instandhaltungsaufwand minimiert. Zudem ermöglicht sie einen reibungslosen Verkehr der Nutzer des Hafens (Schiene, Straße und Schifffahrt). Wartezeiten im Hafen sind für die Volks- und Betriebswirtschaft ein erhebliches Hemmnis und wären ein Nachteil für den Hafenstandort Hamburg. Durch dieses moderne und in jeglicher Hinsicht redundant ausgelegte Bauwerk wird die Zukunft der Hafenentwicklung positiv beeinflusst. Das Bauwerk ist durch seine zeitlose Gestaltung für die Betrachter logisch nachvollziehbar, attraktiv und klassisch zeitlos. Durch die positive Wahrnehmung des Bauwerks und seine Anziehungskraft wird auch die touristische Attraktivität des Hafens verbessert. Hamburg als eine der am meisten besuchten Städte Deutschlands ist mit der neuen Rethe-Doppelklappbrücke um eine Attraktion reicher.

Durch den materialgerechten Einsatz der Baustoffe werden Ressourcen gespart. Stahl bietet durch seine Recyclingfähigkeit Vorteile, die umfänglich genutzt wurden. Die hydraulischen Antriebe sind wartungsarm, die Kreisläufe der Öle und Schmiermittel sind geschlossen. Eine Verschmutzung des empfindlichen Lebensraums Elbe kann ausgeschlossen werden

Die Rethe-Doppelklappbrücke ist ein Bauwerk für die Zukunft des Hafens und somit auch direkt für die gesamte Hansestadt Hamburg. Sie ist in vielerlei Hinsicht nachhaltig.

Martin Grassl, Michael Borowski, Jörg Kapusta

OBJEKT
Rethe-Doppelklappbrücke
STANDORT
Hamburg
BAUZEIT
2010–2017
BAUHERR
Hamburg Port Authority AöR, Hamburg
INGENIEURE + ARCHITEKTEN
Objekt- und Tragwerksplaner:
Ingenieurbüro Grassl GmbH, Hamburg
Baugestalterische Beratung:
Winking + Froh Architekten BDA, Hamburg
Maschinenbau, Elektro- und Automatisierungstechnik:
Spezialbau Engineering GmbH (SBE), Magdeburg
AUSFÜHRENDE FIRMEN
Ingenieur-, Stahl- und Maschinenbau: Arge Rethebrücke [Arge Ingenieurbau: Hochtief Infrastructure GmbH (technische Federführung), Hamburg; Bilfinger F+Z Baugesellschaft (technische Federführung), Hamburg; Arge Brückenbau: Bilfinger MCE GmbH (Stahlbau), Linz; Waagner-Biro AG (Maschinenbau), Wien]
AUSZEICHNUNGEN
Auszeichnung zum Preis des Deutschen Stahlbaus 2018

EIN HERAUSRAGENDER ORT FÜR PRÄSENTATION UND DIALOG – DAS FUTURIUM IM BERLINER REGIERUNGSVIERTEL

Als eine Mischung aus Museum und Labor zeigt das Futurium in Berlins Mitte, wie neue Technologien und Entwicklungen unsere Zukunft gestalten werden. Innovativ sind dabei nicht nur die Ausstellungsstücke: Auch die Architektur und Ingenieurkunst des Futuriums sind Ausdruck seiner zukunftsweisenden Funktion. Mit den schimmernd transparenten Fassaden und seinen weiten Auskragungen macht das Forschungsgebäude schon heute neugierig auf morgen. Und spätestens der Dachgarten aus Solarzellen macht deutlich: Hier wurde bereits während der Gebäudeplanung vorausgeschaut.

Das Futurium befindet sich inmitten des Berliner Regierungsviertels, direkt an der Spree zwischen Reichstag und Hauptbahnhof. Es gliedert sich auf fast 14.000 Quadratmeter BGF in zwei Untergeschosse inklusive „Futurium Lab", ein Erdgeschoss mit zwei Eingangsbereichen, ein Obergeschoss mit einem großen Dauerausstellungsbereich und weitere Zwischengeschosse. Seine Formgebung ist unkonventionell und einzigartig.

Gerade deshalb fällt das „Haus der Zukunft" zwischen den gleichmäßigen Rasterfassaden der benachbarten Verwaltungsgebäude besonders auf. Der architektonische Entwurf des Museums und Forschungsgebäudes stammt von Richter Musikowski Architekten. Er setzt auf klare Strukturen, Transparenz und Zugänglichkeit. Damit wird dem Gebäude ein offener und einladender Charakter verliehen, der das Futurium zu einem Ort der Begegnung mit Freiraum für neue Ideen macht.

Ein wichtiger Bestandteil des Erscheinungsbilds ist das außergewöhnliche Tragwerk. Mit seinen bis zu 18 Meter weit auskragenden Gebäudeflügeln bildet das Futurium zwei überdachte Eingangsbereiche: Mit Blick auf die Spree und den Humboldthafen laden die geschützten Plätze zum Verweilen ein. Darüber hinaus ist eine Außenterrasse an der Spree für eine gastronomische Nutzung vorgesehen. Die offene Raumgestaltung setzt sich auch im Inneren des Gebäudes fort: Die Ausstellungsräume haben bodentiefe, riesige Fensterfronten – die nördliche, mit Blick auf das Bundeskanzleramt, misst 11 Meter x 28 Meter – und ermöglichen spannende Ein- und Ausblicke. Gleichzeitig sorgen die Auskragungen für besonders viel Gestaltungsspielraum im Obergeschoss. Zusammen mit den anderen Geschossen stehen insgesamt 3.200 Quadratmeter Ausstellungfläche für zukunftsweisende Exponate und Themenwelten zur Verfügung.

Eine innovative Technologie befindet sich zudem auf dem Dach des Futuriums: Ein öffentlich begehbarer Skywalk macht nicht nur das umliegende Regierungsviertel, sondern vor allem die nachhaltige Wärme- und Stromerzeugung der hocheffizienten Gebäudetechnik sichtbar. Von Anfang an haben Architekten, Ingenieure und Haustechniker eng zusammengearbeitet, damit die außerge-

Seite 26:
1 Kleine Auskragung, Eingangsbereich Nord

2 Die transparente Fassade

3 Reflektierende und transparente Fassadenelemente
4 Nahansicht der Fassade

wöhnliche Architektur, das anspruchsvolle Tragwerk und das ambitionierte TGA-Konzept erfolgreich umgesetzt werden konnten. Grundlage für den regelmäßigen Datenabgleich und Austausch war Big closed BIM: Alle Beteiligten haben unter Verwendung einer gemeinsamen Software innerhalb eines übergreifenden 3D-Modells zusammengewirkt.

Das Tragwerk – eine auskragende Leistung

Die ungewöhnliche Geometrie des Futuriums erforderte anspruchsvolle Lösungen für das Tragwerk (Bild 5). Aus den drei Bereichen Cave (Untergeschoss), Forum (Erdgeschoss) und Cloud (Obergeschoss) ergaben sich für die Ingenieure dabei unterschiedliche Schwierigkeitsklassen. Für die Cave wurde eine Trogbaugrube mit zweifach verankerten Spundwänden und einer Weichgelsohle ausgeführt. Durch die innerstädtische Baumaßnahme mit Nachbarbebauung und direkt angrenzenden Bahnbrücken sowie den hohen Grundwasserstand ergaben sich hier bereits sehr anspruchsvolle Aufgaben.

Gesteigert wurden diese Anforderungen im Forum: Zu berücksichtigen waren große Spannweiten für den Konferenzbereich und die südliche Auskragung, hohe Verkehrslasten sowie minimale Deckenstärken, um vor allem in den Kragbereichen Gewicht zu sparen. Insbesondere der formvollendete Innenausbau erforderte eine Vielzahl von Sonderlösungen in der Tragstruktur bis hin zu sehr komplexen Detailausbildungen. Ein Beispiel hierfür ist das zentrale, schwebende Treppenhaus, das nur an wenigen Punkten gehalten und stabilisiert wird (Bilder 7 und 8). Die wesentliche Herausforderung in diesem Bereich aber war die Lastableitung der auskragenden Wandscheiben mit hochfestem Beton C80/95 bei nur 30 Zentimeter Wandstärke und zusätzlich erforderlicher Druckbewehrung. Zusätzlicher Schwierigkeitsfaktor waren hier die Fensteröffnungen in den anschließenden Treppenhauskernen.

Die höchste Stufe ingenieurtechnischer Herausforderungen ergab sich für die Cloud: Zwei große Panoramafenster mit 28 Metern Breite und Höhen von 8 bis 11 Metern verleihen dem Gebäude Offenheit und bieten seinen Besuchern spektakuläre Ausblicke. Die hohe Transparenz wurde dadurch erreicht, dass die überkragenden Ausstellungsflächen über dem Eingangsbereich mit Flachstahl-Zugbändern nach oben an die im Dach versteckten Träger gehängt wurden. Die beiden Stahlhohlkästen mit einer Spannweite von 32 Metern leiten die Lasten in die auskragenden, massiven Wandscheiben und in die Gründung ab. Die sehr schlanken Zugbänder sind gleichzeitig die Unterkonstruktion für die Glasfassade.

Aufgrund der Größe der Panoramafenster und der resultierenden hohen Windlasten mussten die Zugbänder auf Stabilitätsversagen (Biegedruck) nachgewiesen wer-

5 Gebäudeschnitt mit den drei Bereichen Cave, Forum und Cloud

6 Visualisierung der Ausstellungsfläche im Obergeschoss
7, 8 Freischwebende Treppen

Das Futurium im Berliner Regierungsviertel

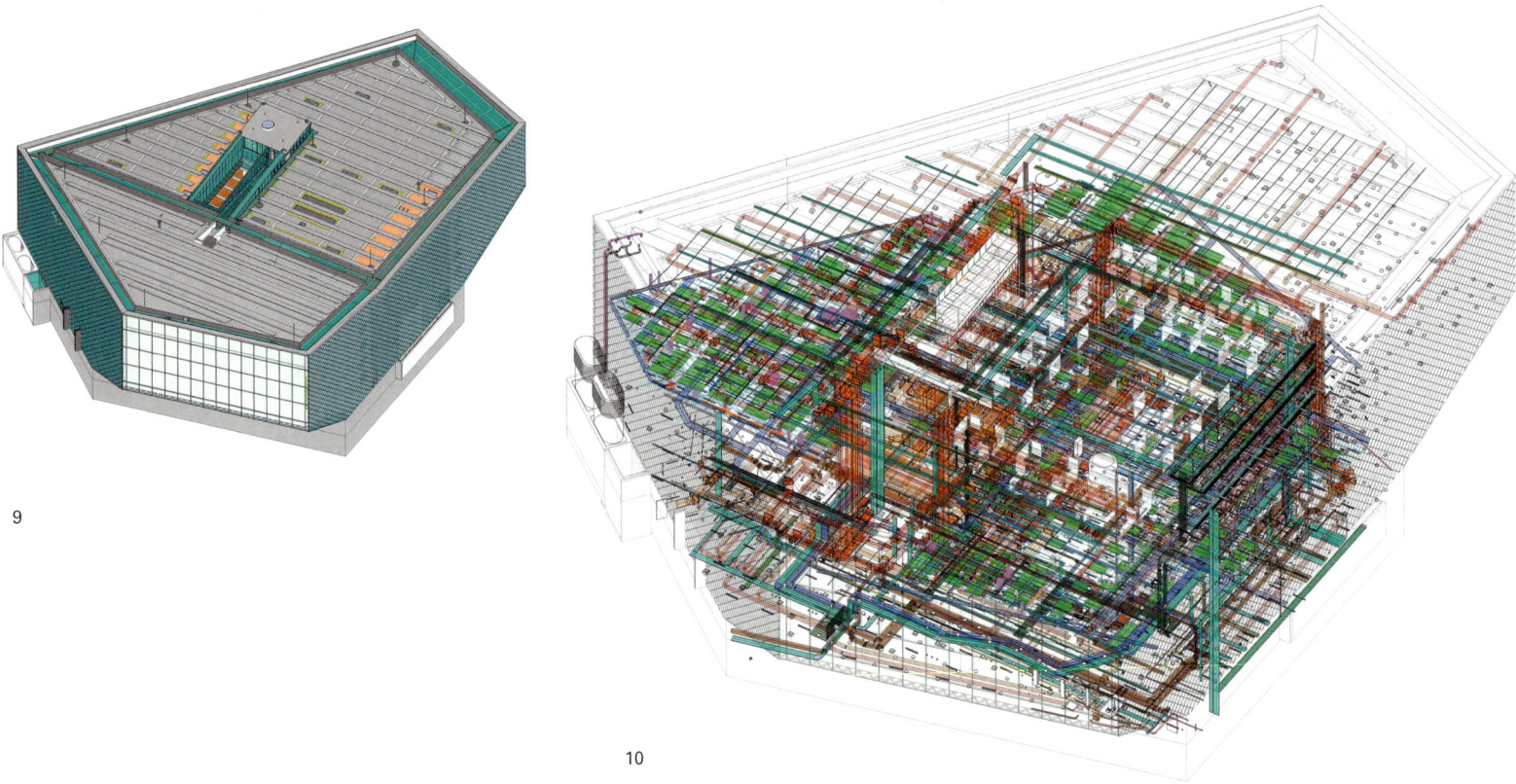

9

10

den. Die auskragenden Wandscheiben erforderten ein komplexes, nichtlineares Berechnungsverfahren zur Schnittgrößenermittlung im Grenzzustand der Tragfähigkeit nach DIN EN 1992-1-1.

Während der Rohbauphase wurden die auskragenden Gebäudeflügel auf temporären Stützen errichtet, da die Stabilität der auskragenden Wandscheiben erst mit der Fertigstellung der Dachkonstruktion gegeben war. Die Wandscheiben wurden mit hohen Anforderungen an die Ebenheit errichtet und mussten im Bauzustand ausgesteift werden. Für alle von der Lastumlagerung betroffenen Bauteile wurden Kurz- und Langzeitverformungen berechnet und als Überhöhung berücksichtigt. Die Herstellung des Endzustandes durch kontrolliertes Entfernen und Absenken der Hilfsstützen war der spannendste Moment im Bauablauf. Die theoretischen Berechnungsansätze mussten nun mit Blick auf das Tragverhalten sowie die Ebenheit der Deckenränder und Dachkanten ihre Praxistauglichkeit unter Beweis stellen.

Das Nachhaltigkeitskonzept – goldene Spitze

Eine umfassende Nachhaltigkeitsberatung war von Anfang an Teil der Projektarbeit. Hierfür wurden wiederholt Variantenvergleiche zur Optimierung des Komforts und des Energiebedarfs durchgeführt. Die Vergleiche umfassten sowohl passive Maßnahmen mit Fokus auf die Fassade als auch ökobilanzielle Vergleiche von Bauteilaufbauten oder Energieerzeugung. Im Zuge der Optimierung wurden auch thermische Gebäude- und Tageslichtsimulationen durchgeführt.

Ein Schwerpunkt der Beratung lag in der engen Kooperation mit TGA-Planer und Bauunternehmer zur gemeinschaftlichen Optimierung des Energiekonzepts. Dank einer umfassenden Berücksichtigung aller Nachhaltigkeitsbelange in Planung und Ausführung erfüllt das Futurium als ganzheitlich ökonomisch, sozio-kulturell und ökologisch optimiertes Gebäude den BNB Gold-Standard – mit der höchsten bislang jemals bei einer BNB-Zertifizierung erzielten Punktzahl. Im anspruchsvollen Kriterium „Risiken für die lokale Umwelt" wurde dabei die höchstmögliche Qualitätsstufe erreicht.

Trotz anspruchsvoller Architektur, der Nutzung als Veranstaltungsort sowie höchsten Komfortansprüchen ist das Futurium ein primärenergetisches Plusenergiehaus. Möglich ist dies durch die kompakte Bauform, auf die Nutzung abgestimmte passive Maßnahmen (insbesondere in Bezug auf die Gebäudehülle), strikt bedarfsorientierte Luft- und Energiebereitstellung sowie eine hocheffiziente Gebäudetechnik. Zur Energiebereitstellung wird neben der umfangreichen Nutzung von Solarthermie und Photovoltaik ausschließlich auf hocheffiziente Kraft-Kälte-Wärme-Kopplung zurückgegriffen. Dank der Latentkälte- und Stromspeicher können Bedarfs- und Erzeugungsspitzen ausgeglichen werden. Auf den

9–11 Das Projekt wurde mit Big closed BIM realisiert.
9 Koordinationsmodell
10 TGA/Haustechnik
11 Tragwerk

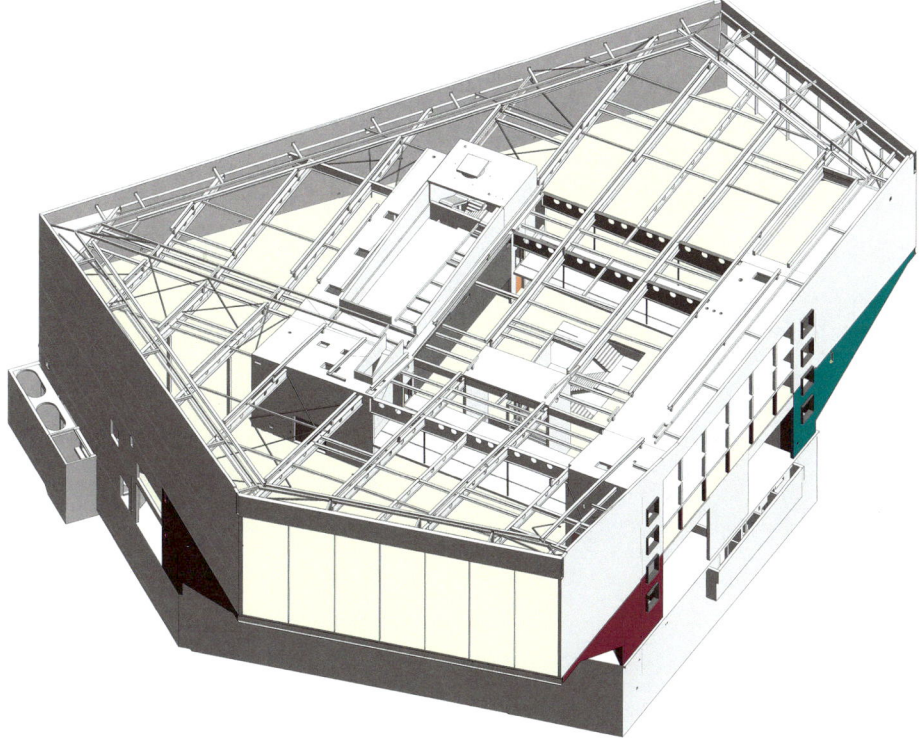

11

Einbau von Spitzenlastkesseln konnte hierdurch komplett verzichtet werden.

Die Gebäudehülle besteht aus insgesamt 8.000 vorgefertigten hinterlüfteten Gussglas-Metallkassetten. Eine zusätzliche Dämmebene aus Mineralwolle (26 bis 30 Zentimeter) hinter der rautenförmigen Vorhangfassade sorgt neben der Dreifach-Isolierverglasung an den Stirnseiten (Nord und Süd) für den nötigen Wärmeschutz des Gebäudes. Eine der großen Herausforderungen hinsichtlich der Gebäudehülle war die Minimierung der Wärmebrücken. Über 1000 Befestigungspunkte schließen die Rautenfassade, die Dämmebene durchstoßend, an den Baukörper an. Detailuntersuchungen mittels 3D-Wärmebrückensimulationen erlaubten eine Minimierung der Wärmeverluste durch Trennelemente zwischen Baukörper und Metallunterkonstruktion.

Die durch ein Blockheizkraftwerk und die Solarthermie erzeugte Wärme wird zum Betrieb einer Absorptionskältemaschine eingesetzt. Dazu kann das Gebäude bis zu einer Außenluftgrenztemperatur von 14 °C über ein Rückkühlwerk auf dem Dach mit „freier Kühlung" direkt versorgt werden (und somit rund 30 Prozent des Kältebedarfs decken).

Leitbild des Futuriums ist es, die Technik von morgen aktiv sichtbar zu machen. Hierfür wurde unter anderem auf dem Dach ein öffentlich begehbarer Skywalk installiert. Ein zwischen den Modulen der Photovoltaik und der Solarthermie verlaufendes Wegenetz verschafft dem Besucher sowohl einen Blick auf das umliegende Regierungsviertel als auch auf die Wärme- und Stromerzeugung des Gebäudes. Die aus hinterlüfteten monokristallinen Modulen bestehende Photovoltaik-Anlage liefert über 215.000 Kilowattstunden Strom pro Jahr, welcher in erster Linie für den Eigenbedarf des Gebäudes und die bereitgestellten Elektroladestellen genutzt wird.

Durch die Implementierung eines intelligenten Managements zwischen Energieerzeugung, -speicherung und -übergabe stellt das Futurium so in Bezug auf den berechneten Energiebedarf gemäß Energieeinsparverordnung (EnEV 2014) insgesamt einen Primärenergieüberschuss von ca. 99.000 Kilowattstunden pro Jahr zur Verfügung.

Voraussetzung für die hohe Qualität des Gebäudes war das intensive Zusammenspiel zwischen allen Projektbeteiligten bereits in den frühen Phasen der Vor- und Entwurfsplanung. Das positive Ergebnis dieser Zusammenarbeit spiegelt sich nicht zuletzt in der Erfüllung der höchsten Bewertungsstufe in den für das BNB-Zertifizierungssystems wesentlichen Kriteriengruppen Ökologische (LCA) und Ökonomische Qualität (LCC) wider.

Martin Breitenbach, Wolfgang Strobl

OBJEKT
Futurium
STANDORT
Berlin
BAUZEIT
2015 – 2017
BAUHERR
Bundesanstalt für Immobilienaufgaben und BAM Deutschland AG
INGENIEURE + ARCHITEKTEN
Architekt: Richter Musikowski, Berlin
TRAGWERKSPLANUNG
Schüßler-Plan Ingenieurgesellschaft mbH
NACHHALTIGKEITSBERATUNG
(inkl. Bauökologie, Thermische Bauphysik, Thermische und Tageslichtsimulation)
BNB-Zertifizierung:
Werner Sobek Green Technologies, Stuttgart

EIN SUPERBLOCK MIT EINEM HIMMEL AUS TRANSLUZENTEN KISSEN – DIE NEUE INGENIEURSCHULE CENTRALESUPÉLEC IM SÜDEN VON PARIS

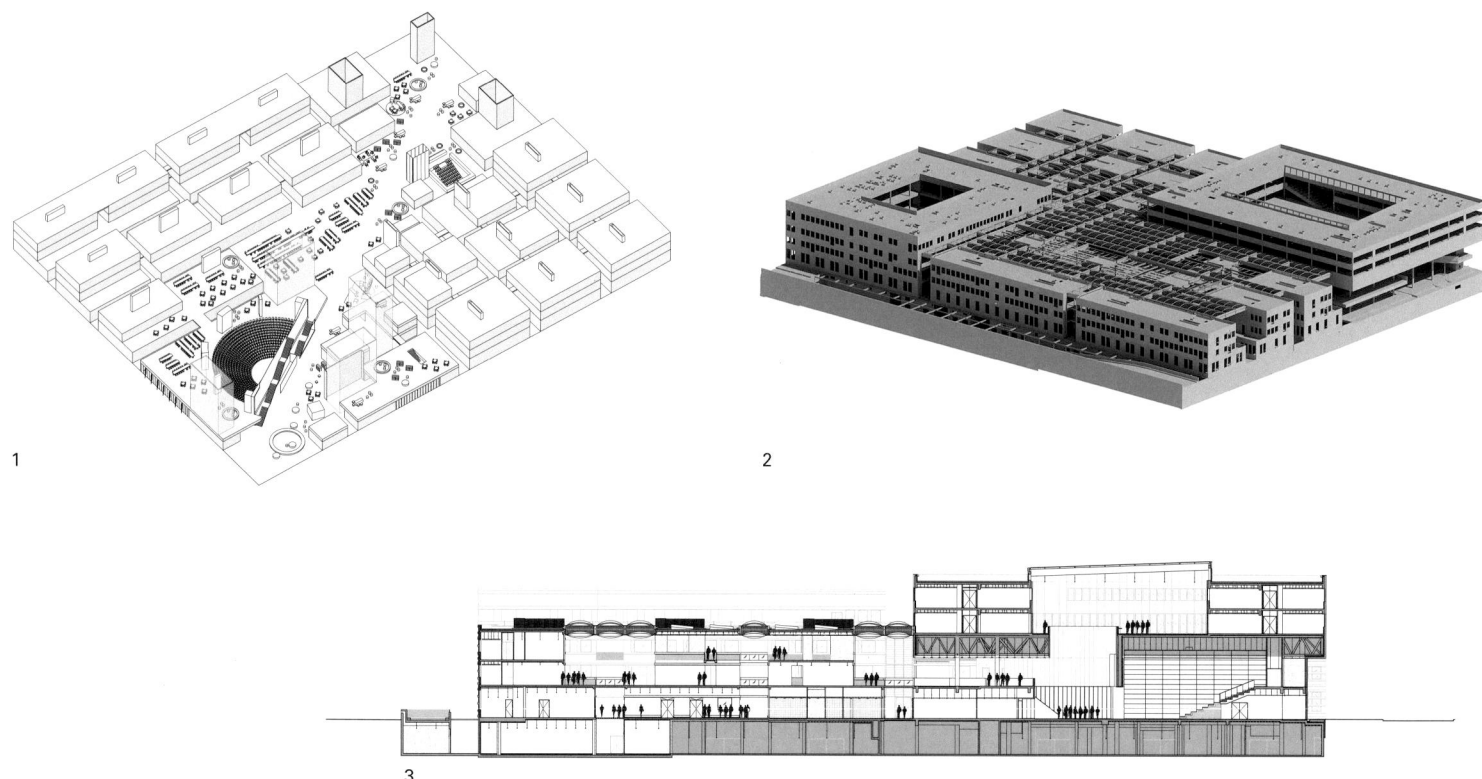

1 Lab City: Axometrie
2 Der Superblock als 3D-Modell
3 Schnitt durch den südwestlichen Eckblock mit Auditorium

Die von OMA konzipierte „Lab City" stellte eine Herausforderung für das Ingenieurbüro Bollinger + Grohmann dar, denn hier sollte eine „Stadt in der Stadt" geschaffen werden, bei der die Grenzen zwischen innen und außen verschwimmen. Leichte, visuell kaum wahrnehmbare Dachkonstruktionen mussten entwickelt werden, um diesen Effekt zu generieren.

Zwischen Gebäude und Stadt

Der in den 1960er-Jahren angelegte, weitläufige Campus Saclay im Süden von Paris wird mit zusätzlichen 5.000.000 Quadratmetern zu einem international führenden Cluster für Technologie und Forschung ausgebaut. Gemäß dem Masterplan der Städtebauer Xaveer De Geyter, Floris Alkemade und dem Planungsbüro AREP, eine Tochter des französischen Verkehrsunternehmens SNCF, soll die bestehende Agrarlandschaft durch eine kompakte, punktuelle Urbanisierung erhalten werden. Eine automatisch gesteuerte Metrolinie wird in Zukunft die wie in einem Archipel zerstreuten Cluster verbinden und an die Metropole anbinden.

Im Zusammenhang mit der Erweiterung wurden die renommierte École Centrale mit der ebenfalls bekannten École Supérieure d'Électricité zusammengelegt, um sie zukünftig gemeinsam am „Supercampus" anzusiedeln. Den Wettbewerb für die Planung des Lern- und Laborgebäudes dieser neuen Ingenieurschule gewann OMA in Zusammenarbeit mit dem Ingenieurbüro Bollinger + Grohmann mit ihrem Konzept der „Lab City", bei dem „eine Stadt in der Stadt geschaffen werden" sollte: Ein großer Superblock mit transluzentem Dach wird durch ein im Raster angelegtes Straßensystem aufgegliedert.

In der dichten Baustruktur der drei- bis fünfgeschossigen Mikroblöcke, welche untereinander mit Brücken verbunden sind, befinden sich Labore, Büros, Seminar- und Arbeitsräume. Diese öffnen sich zu internen Straßen, welche mit einem leichten Dachtragwerk aus transparenten Kissen überdeckt sind. Wie der Broadway in Manhattan durchschneidet auch hier eine Diagonale das Rastersystem und bringt Dynamik in den Block. In seiner Mitte befindet sich ein zentraler Platz mit einem Café und Restaurant, der von offenen Galerien und Plattformen umgeben ist, die als Arbeitsflächen dienen und auch zur spontanen Nutzung einladen. Im höchsten, südwestlichen Eckblock liegt das halbkreisförmig ausgebildete Auditorium mit 960 Plätzen, welches sich zur diagonalen Straße öffnet. Darüber befindet sich ein um ein Atrium herum angelegtes Sprachzentrum, das von einem Glasdach überdeckt ist, welches trotz der großen Dimensionen mit seiner Leichtigkeit beeindruckt. Vier Stahlträger mit schlankem Profil überspannen den 25,8 Meter breiten Raum. Auch der viergeschossige Block auf der Nordostseite, am anderen Ende der Diagonale gelegen, hat einen überdachten Innenhof. Hier wird die verglaste horizontale Dachstruktur durch zwei-

achsig gespannte Vierendeelträger überspannt. Diese verstärken den Eindruck einer feinen, raumhaltigen, beinahe schwebend wirkenden Lichtdecke. Das interne Straßensystem zeichnet sich auch in der Fassade ab: Von außen betrachtet wird der schwarze Superblock aus Sichtbeton durch Vertikalverglasungen aufgebrochen; an beiden Enden der Diagonale gibt es große Öffnungen, die zum Eintreten und Durchgehen einladen.

Eine Herausforderung für die Ingenieure

Das Ingenieurbüro Bollinger + Grohmann war neben der Tragwerksplanung des gesamten Gebäudekomplexes mit einer äußeren Abmessung von 160 x 120 Metern und einer Nutzfläche von 48.000 Quadratmetern auch mit der Planung der Fassade beauftragt. Während die Tragstruktur der Blöcke in herkömmlicher Massivbauweise mit Stahlbetonkernen und zweiachsig gespannten Flachdecken konzipiert und hergestellt wurde, stellte das transparente Megadach eine besondere Herausforderung an die Ingenieure dar. Aus diesem Grund wird im Folgenden insbesondere die strukturelle und baukonstruktive Ausbildung des Daches mit einer Gesamtfläche von 4.600 Quadratmetern vorgestellt, wobei die Interaktion zwischen kontrolliertem Klima, Fassade und einem Dachtragwerk mit ETFE-Kissen sowie einem veränderlichen Verschattungssystem eine große Rolle spielte.

Die Tragstruktur

Die Tragstruktur des Daches ist als Trägerrost mit einem länglichen Raster und einer Trägerhöhe von 1,18 Meter konzipiert. Dieser Rost liegt auf der Stahlbetonkonstruktion der Mikroblöcke auf und ist zusätzlich im zentralen freien Bereich auf vier schlanken, 11,5 Meter hohen Stahlstützen aufgelagert, so dass sich maximale Spannweiten von 26 Metern ergeben. Die biegesteife Ausbildung der Knoten des Gitterrostes ermöglicht es, die Tragstruktur ohne weitere horizontale Verbände im Dachbereich auszubilden. Die Leichtigkeit der Konstruktion bei gleichzeitig großen Spannweiten konnte auch aufgrund der gewählten Ausführung als Membran-/ETFE-Kissendach erreicht werden – zum einen aufgrund des geringeren Gewichts der Konstruktion und zum anderen, weil das Material in der Lage ist, größere Relativverformungen als eine übliche Eindeckung aus Glas aufzunehmen. Um eine gleichmäßige Ansicht der Dachstruktur von der Unterseite sicherzustellen, wurde auf Dehnfugen in der Dachstruktur verzichtet und stattdessen die Struktur auf Gleitlager, die Verformungen bis zu 6 Zentimeter aufnehmen können, aufgelegt.

Das transluzente Dach

Wenn ein Innenraum wie eine Stadt wirken soll, müssen die Begrenzungen nach außen möglichst unsichtbar sein. Entsprechend wichtig war es den Architekten von

4 Untersicht der Glasüberdachung über dem Atrium
5 Untersicht der Glasüberdachung des Blocks auf der Nordostseite

6

7

8

Beginn an, den Übergang zwischen innen und außen aufzulösen. Somit musste bei der Planung eine besonders luftig wirkende Konstruktionsweise gefunden werden. Hinzu kamen hohe akustische Anforderungen, denn auf den in der Halle übereinander gestaffelten Plattformen sollte permanent gearbeitet werden können. Den thermischen und brandtechnischen Ansprüchen musste die Überdachung ebenfalls entsprechen. Schließlich fiel die Wahl auf eine ETFE-Hülle mit zweischaligen Luftkissen, die in der Länge der Spannweite des Trägerrostes von 26 Metern ausgeführt werden können. Durch ihre Wölbung wird ein baldachinartiger Eindruck erzeugt, was dem Wunsch nach optischer und physischer Leichtigkeit nachkommt. Ein weiterer Vorteil des gewählten Materials ist sein gutes Brandverhalten (B - s1, d0), da es bei 250 °C, ohne zu tropfen, in den Gaszustand übergeht, wodurch auch ohne weitere Maßnahmen die Entrauchung sichergestellt ist. Dies wurde auch anhand von numerischen Simulationen, durchgeführt vom Efectis France – Laboratoire aus Metz, überprüft.

Leistungsstarke Thermik und Akustik

Nach einer ersten eingehenden Akustik-Studie stellte sich heraus, dass es aufgrund des Trommeleffekts der leichten Luftkissen unmöglich ist, mit einer zweischaligen Kissenkonstruktion eine wirksame Schallisolierung gegen Geräusche infolge aufprallender Regentropfen zu

6 Der Bau kurz nach Fertigstellung: Die Vertikalverglasung durchschneidet die einzelnen Blöcke und bietet Einblick in das Innenleben des Superblocks.
7 Blick auf das Megadach

8 Die Untersicht der Dachkonstruktion der Halle während der Montage: Die transparente Membran ist zwischen den Hauptträgern bereits gespannt.

9 Schnitt der Dachkonstruktion

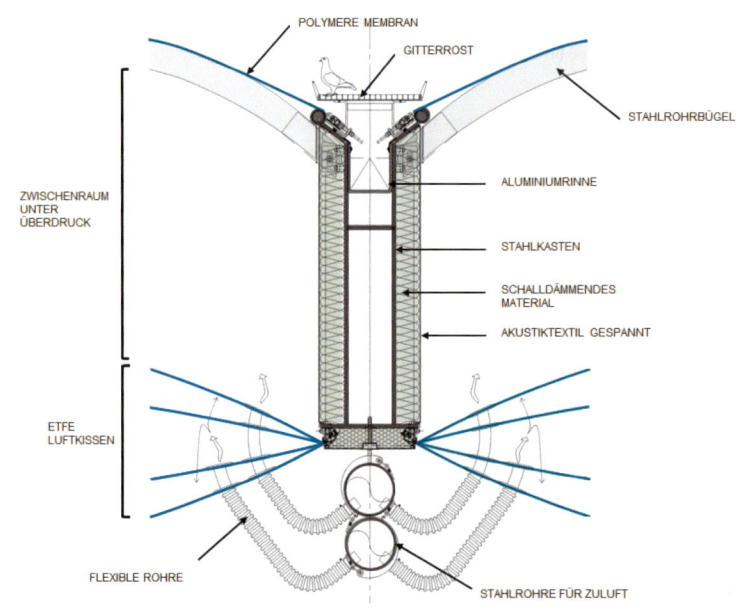

9

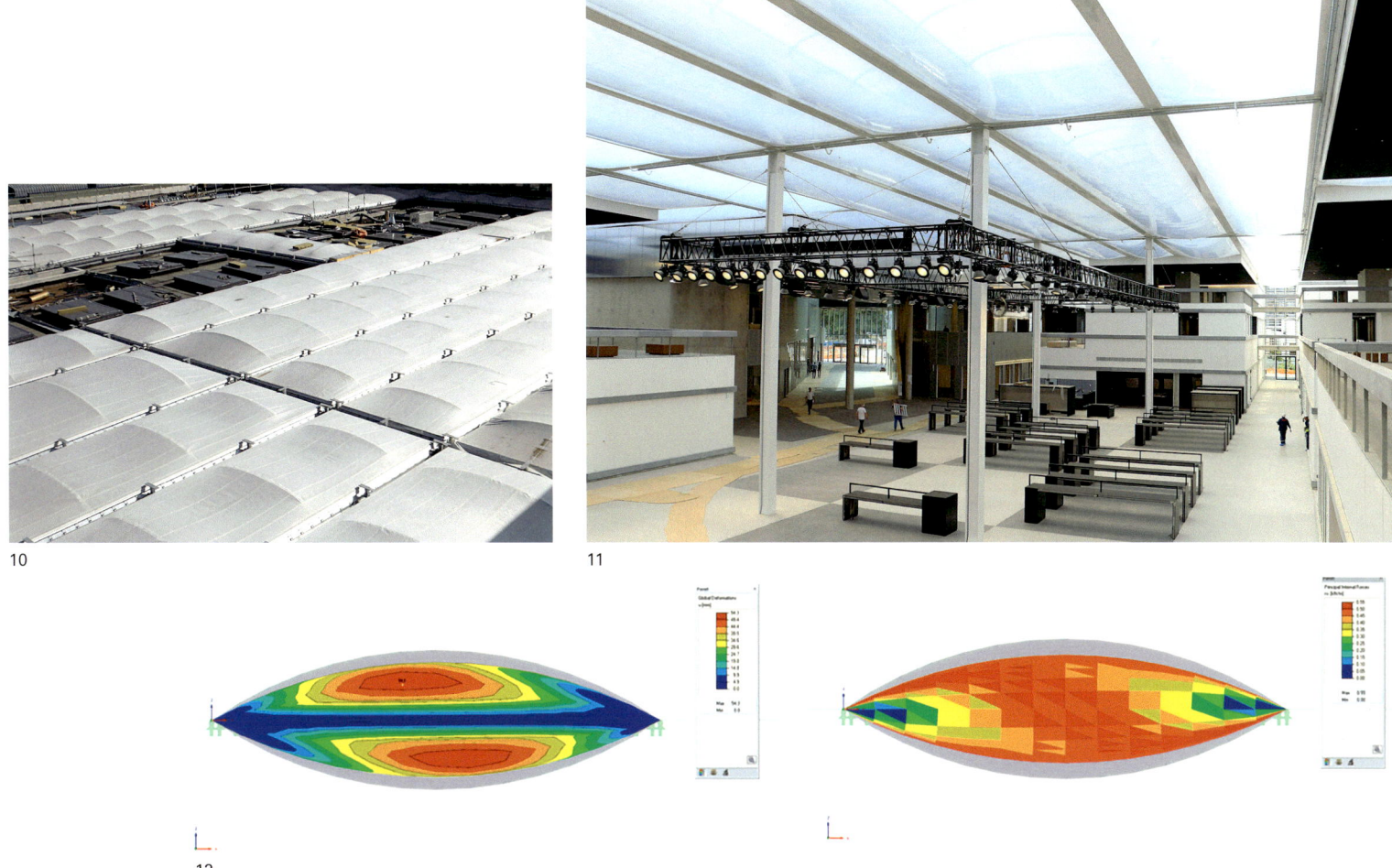

10 Das gespannte Membrandach von oben
11 Untersicht der Dachkonstruktion der Halle nach Fertigstellung
12 Berechnung der elastischen Luftkissen mit doppelter inverser Krümmung

erhalten. Somit war es erforderlich, die Eindeckung durch eine weitere Schicht aus einer transparenten glasfaserverstärkten Membran zu ergänzen, die oberhalb der Kissen angebracht wurde. Anhand eines 1,5 Meter x 1,5 Meter großen Prototyps konnten die für die Raumakustik verantwortlichen Fachplaner Royal HaskoningDHV aus Rotterdam die theoretischen Ergebnisse der numerischen Simulationsmodelle validieren und somit den optimalen Abstand von einem Meter zwischen den Kissen und der Membran festlegen.

In der Ausführungsphase wurde das Abstandsmaß anhand eines 3 Meter x 3 Meter großen Prototyps von der Materialprüfanstalt (Centre Scientifique et Technique du Bâtiment; kurz: CSTB) getestet. Das Ergebnis bestätigte die in der Entwurfsphase durchgeführten Simulationen aufs Dezibel genau. Letztendlich erfüllten bzw. übertrafen die ausgeführten Details sogar die ursprünglich anvisierten Ziele hinsichtlich der Isolierung nach außen ($R_{a,tr} > 19$ dB) einschließlich der akustischen Intensität bei starkem Regen ($L_{i,a} \leq 55$ bis 60 dB).

Die Membran ist wie die ETFE-Kissen zwischen den Hauptträgern des Trägerrostes gespannt. Zur Spannung der Membran sind quer zu den Hauptträgern Bögen angeordnet, die eine doppelte Krümmung der Membran sicherstellen und deren Form so gewählt wurde, dass Wassersackbildungen in den flacheren Bereichen der Membran zwischen den Bögen verhindert werden.

Die zweilagige Ausführung des Daches, die auch eine erste Klimahülle darstellt, befreit die darunterliegenden ETFE-Kissen von größeren Anforderungen, so dass diese – jenseits üblicher Spannweiten – über bis zu 8 Meter zwischen den Hauptträgern frei spannen können.

Der Abstand zwischen Membran und Luftkissen bot außerdem Raum für die Platzierung der Tragstruktur des Trägerrostes, welche somit komplett in die Schichten der Eindeckung integriert werden konnte und im Endzustand nicht mehr sichtbar ist.

Für die Ausführung war es erforderlich, eine Zustimmung im Einzelfall (Appréciation Technique d'Expérimentation, kurz: ATEX) beim CSTB zu erwirken. Die Firmengruppe GCC-Rabot Dutilleul mit Renaudat als Subunternehmer konnte diese innerhalb eines Jahres nach Beauftragung erwirken.

Nicht zuletzt führten also die hohen akustischen Ansprüche zur Entwicklung eines technisch kohärenten Bedachungsprinzips, das dem architektonischen Wunsch einer Aufhebung der Grenze zwischen innen und außen sehr nahekommt.

Wartung

Die doppelschalige Dachkonstruktion erforderte auch eine genauere bauphysikalische Betrachtung. Um Schä-

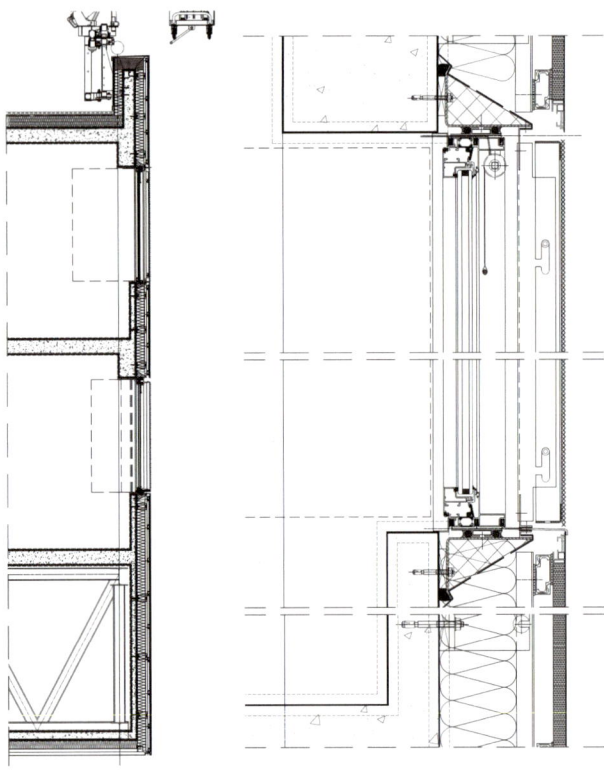

13

14

15

den durch auftretende Feuchte und Verschmutzung zu vermeiden wird der Raum zwischen den ETFE-Kissen und der darüber liegenden Membran permanent durch eine gezielte Zuführung von entfeuchteter und gefilterter Luft mit einem leichten Überdruck beaufschlagt. Diese Belüftung und auch die Erzeugung der für die ETFE-Kissen erforderlichen Druckluft wird durch auf dem Dach angeordnete Kompressoren bereitgestellt.

Für größere Wartungs- oder Reinigungsarbeiten können die Kissen von unten demontiert werden, so dass über die Membran weiterhin die Dichtigkeit der Gebäudehülle sichergestellt werden kann.

Die Fassade

Die Außenfassaden spielen bewusst mit einem starken Kontrast zwischen den dunklen, mineralischen Betonfertigteilplatten und den hellen, reflektierenden Aluminiumverbundplatten des fünfgeschossigen Hauptvolumens, welches aus dem Superblock markant hervortritt.

Schon in einer frühen Entwurfsphase entwickelten die Architekten die Idee einer möglichst monolithischen Fassade, welche neben der konstruktiven und wärmetechnischen Funktion auch den Witterungsschutz erfüllt. Zunächst wurde von Bollinger + Grohmann Ingenieure ein Hohlziegel mit integrierter Wärmedämmung und vorab aufgebrachten Keramikplatten als Witterungsschutz untersucht. Die hätten aber eine Zustimmung im Einzelfall nötig gemacht, außerdem hätte das Fugenbild dem gestalterischen Anspruch der Architekten an eine möglichst gleichmäßige Oberfläche widersprochen. So fiel die Wahl auf vorgefertigte Betonsandwich-Elemente, deren äußere Schicht aus schwarz eingefärbtem Beton besteht. Diese Fassadenelemente sind in den Fugen kraftschlüssig miteinander verbunden, so dass sie sowohl zur vertikalen als auch zur horizontalen Aussteifung des Gebäudes beitragen.

In der äußeren Ebene werden die Elemente durch horizontale Simse strukturiert. Diese Simse, die an den Ober- und Unterkanten der Fensteröffnungen angeordnet sind, werden an den Innenfassaden fortgesetzt und sorgen für eine optische Kontinuität der Hülle.

Eine anspruchsvolle Aufgabe war die Gewährleistung der einheitlichen Erscheinung der Sichtbetonoberflächen der insgesamt 648 Elemente. Um diese zu errei-

13 Schnitt und Detail Fassadentyp 2 (Verkleidung mit Aluminiumverbundplatten)
14 Perspektive des Megablocks von außen: Am unteren Ende tritt das mit Aluminiumverbundplatten verkleidete Hauptvolumen deutlich heraus.
15 Stadt in der Stadt: Die einzelnen Baukörper – verbunden durch verschiedene Brückensysteme und Straßen – bilden eine urbane Struktur ab.

Seite 39:
16 Deutlich ragt der Baukörper des Auditoriums mit seiner eloxierten Aluminiumfassade heraus.

16

chen, wurden die Außenflächen in Stahlschalungen gegossen, deren Fugen geschliffen und mit Silikon ausgefugt waren. Mit einer Vielzahl von Mustern und Prototypen wurde die Zusammensetzung des Betons festgelegt, um die gewünschte Schwarzfärbung der Fassade sicherzustellen. Zusätzlich wurde auf die Fassadenelemente nach dem Einbau eine wasserabweisende Schicht auf die Außenfassaden aufgetragen, um die Dauerhaftigkeit der Fassade zu gewährleisten.

Der Baukörper des Auditoriums, in den unteren Geschossen hauptsächlich verglast, wurde hingegen in den beiden oberen Geschossen mit großen, ca. 7 Meter hohen und 1,50 Meter breiten, eloxierten Aluminiumverbundplatten mit Wabenkern verkleidet. Die Aluminiumlegierung wurde speziell eloxiert, um der Idee der Reflexion, welche OMA bereits in der Wettbewerbsphase präsentiert hatte, möglichst nahezukommen. Auch die Breite der Fugen sollte entsprechend minimal gehalten werden. Die Ingenieure von Bollinger + Grohmann entwickelten hier eine spezielle Aufhängekonstruktion, die eine Befestigung der Elemente mit minimalen Toleranzen erlaubt.

Zusammenfassung

Auf einer Geschossfläche von rund 50.000 Quadratmetern ist eine künstliche Urbanität mit einem bis ins Detail entwickelten Raumangebot entstanden. Unter einem gleichmäßigen Himmel aus Kissen treffen intime Rückzugsbereiche auf strenge Raumachsen und großzügige offene Bereiche auf eine Reihe an kleineren Seminar- und Laborräumen. Die freistehenden Mikroblöcke wirken einerseits als eigenständige Baukörper. Verbunden durch viele Brücken und ein alles überdeckendes Megadach ist gleichzeitig ein stabiles Gerüst für eine besondere Form des miteinander Lernens und Kommunizierens entstanden.

Dieses ambitionierte Bauvorhaben hat die Tragwerksplaner im Laufe des Prozesses immer wieder vor technisch anspruchsvolle Aufgaben gestellt. Die daraus hervorgegangenen innovativen Lösungen, insbesondere für das transparente Megadach, haben zu einer konsequenten Umsetzung der Entwurfsidee der Architekten beigetragen.

Susanne Stacher, Etienne Antuszewicz,
Klaas de Rycke, Agnes Weilandt

OBJEKT
CentraleSupélec – Bâtiment Gustave Eiffel
STANDORT
Gif-sur-Yvette, Saclay, Frankreich
BAUZEIT
2015–2017
BAUHERR
CentraleSupélec, Paris, Frankreich
INGENIEURE + ARCHITEKTEN
Architekt: Office for Metropolitan Architecture, Rotterdam, Niederlande
Tragwerks- und Fassadenplanung: Bollinger + Grohmann, Frankfurt, Deutschland; Paris, Frankreich
Haustechnik: ALTO Ingénierie, Paris, Frankreich
Akustik: Royal HaskoningDHV, Rotterdam, Niederlande

DIE ÄSTHETIK DES BAUENS – DIE TAMINABRÜCKE IN DER SCHWEIZ

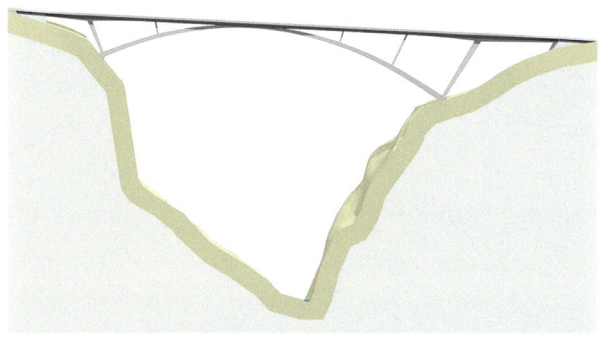

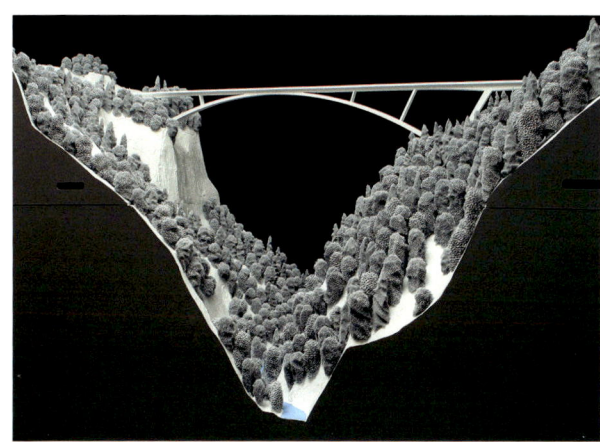

Die Taminabrücke reiht sich mit ihrer kraftvollen Eleganz nahtlos in die Tradition herausragender Brückenbauwerke in der Schweiz ein. Sie verschmilzt mit der grandiosen Landschaft in einer Form, als sei es dort niemals anders gewesen.

Im Zuge der neuen Erschließung des Taminatales bei Bad Ragaz im Kanton St. Gallen wurde eine 400 Meter lange Talquerung in bis zu 200 Metern Höhe erforderlich (Bild 1).

Aufgrund der sensiblen Rahmenbedingungen hatte das Tiefbauamt Kanton St. Gallen einen internationalen Wettbewerb ausgeschrieben. Insbesondere zu berücksichtigen waren dabei die Gesichtspunkte Geologie und Umwelt (Lebensraum Schongebiet und Landschaftsschutz).

Der Grundgedanke des Siegerentwurfes bestand in der stützenfreien Überspannung der Taminaschlucht mit einer Bogenkonstruktion und einer ebenfalls stützenfreien Überbrückung der Seitenfelder bis zu den Widerlagern mit einer biegesteifen Rahmenkonstruktion (Bild 2).

Die Urteilsbegründung der Jury, diesen Entwurf zum Sieger zu küren, lautete wie folgt: „Der lange, schmale Bogen ist aufregend kraftvoll. Die sicher einzigartigen radialen Stützen stehen da, als hätte es nie etwas Anderes gegeben. Trotz unterschiedlicher Anzahl Ständer pro Seite ist die Struktur ausgewogen und gestalterisch rundum überzeugend. Dieses Projekt bietet auch die Chance, ein Wahrzeichen für die Gegend zu werden."

Entwurfskonzept

Aus den Randbedingungen ergaben sich folgende Prämissen:
– Das Haupttragwerk wird unterhalb der Fahrbahn angeordnet.
– Die Taminaschlucht wird stützenfrei überspannt (Bogen mit ca. 260 Metern Spannweite).
– Die Endfelder in den Hangbereichen werden ebenfalls stützenfrei überspannt (biegesteife Rahmen mit 89 Metern Spannweite auf der Seite Pfäfers und 48,5 Metern Spannweite auf der Seite Valens).
– Die Herstellung der Hauptöffnung (Bogenbereich) erfolgt im Freivorbau mit Hilfsabspannungen.

Gestaltung

Ziel des Entwurfes war es, ein Ingenieurbauwerk zu schaffen, das sich besonders behutsam und sorgfältig in das Gelände einpasst und gleichzeitig durch sein Erscheinungsbild eine eigene, unverwechselbare Identität entwickelt. Die großzügige Bogenlösung über der Taminaschlucht in Verbindung mit der stützenfreien Überspannung der seitlichen Hangbereiche führt zu einem hohen Maß an Transparenz.

1 Ausgangssituation: Die Taminaschlucht, Blick aus Nordwesten
2 Ansicht
3 Modell Siegerentwurf

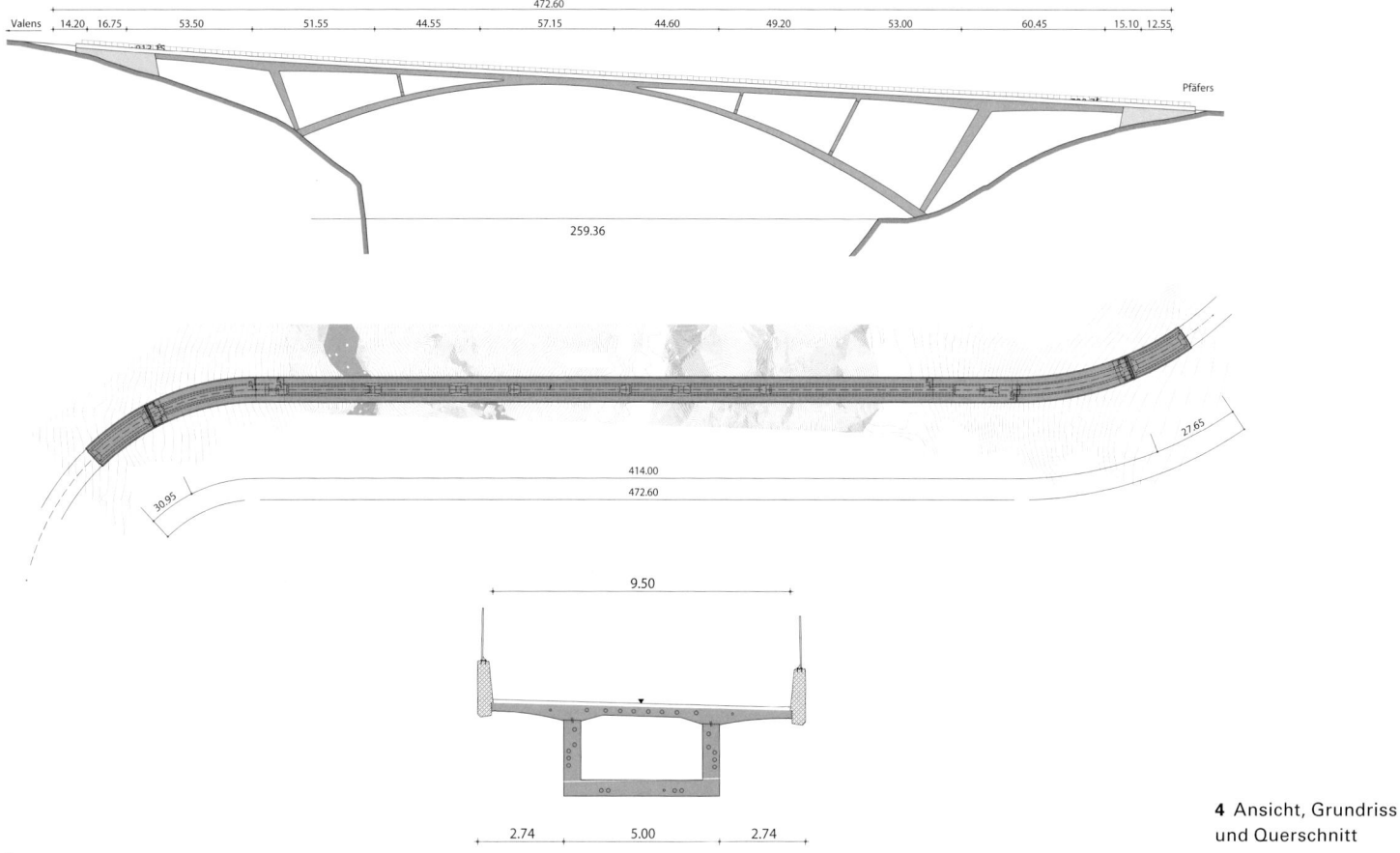

4 Ansicht, Grundriss und Querschnitt

Durch die Verschmelzung des Bogens mit dem Überbau im Scheitelbereich wird dieser Eindruck der Filigranität noch verstärkt, da zwischen den Kämpferbereichen nur noch drei zusätzliche Bogenständer erforderlich werden, was zu sehr großzügigen Öffnungen zwischen Bogen und Überbau führt.

Die radiale Anordnung der Bogenständer bewirkt eine weitere Steigerung dieses harmonischen Gesamteindrucks, nicht zuletzt auch deshalb, weil die Neigungen der Aufständerungen auf den beiden Kämpfern, die gleichzeitig als Stiele des Endrahmens fungieren, in etwa die Neigung der Talflanken aufnehmen und dadurch den Eindruck vermitteln, die Brücke entwickelte sich ganz selbstverständlich, natürlich und organisch aus dem Tal heraus (Bild 3).

Konstruktive Ausbildung

Die konstruktive Umsetzung des Entwurfsgedankens erfolgte konsequent entsprechend den statisch-konstruktiven Erfordernissen unter Berücksichtigung der entsprechenden Belange aus dem Bauablauf und der Herstellung (Bild 4).

Der Bogen wird als Stahlbetonkonstruktion mit einer Stützweite von ca. 260 Metern ausgeführt, die im Baugrund eingespannt ist und daher im Kämpferbereich mit 4,00 Metern die größte Bauhöhe besitzt, die zum Scheitel hin auf 2,20 Meter abnimmt. Die Breite des Bogens ist ebenfalls veränderlich und variiert zwischen 9,00 Meter an den Kämpfern und 5,00 Meter im Scheitelbereich. Die sich daraus ergebende Taillierung verleiht dem Bogen eine spannungsvolle Ästhetik (Bild 5).

Die Verbindung zwischen Überbau und Bogen erfolgt im Scheitelbereich monolithisch, zu den Kämpfern hin werden drei zusätzliche Bogenscheiben als Massivquerschnitte angeordnet. In der Ansicht sind diese Bogenscheiben bewusst schlank ausgeführt (sie wirken quasi als Pendelstäbe) – im Querschnitt erhalten sie einen leichten Anzug zum Bogen hin.

Die Aufständerung im Bereich der Kämpfer unterscheidet sich grundsätzlich von diesen „Pendelscheiben". Ihnen kommt neben der Aufständerung des Überbaus in erster Linie die Funktion eines Rahmenstieles als Teil der Endfeldrahmen in den Seitenfeldern zu.

Erst durch diese biegesteife Rahmenkonstruktion (Überbau als Rahmenriegel, Aufständerung als Rahmenstiel) ist die stützenfreie Überbrückung der Seitenfelder (89,00 Meter bzw. 48,50 Meter) wirtschaftlich und gestalterisch ansprechend realisierbar. In der Ansicht erhalten die als Hohlkastenquerschnitte ausgeführten Rahmenstiele einen deutlichen Anzug zur Rahmenecke hin. Ihre Funktion innerhalb des (Rahmen-)Tragwerkes ist klar ablesbar (Bild 6).

Seite 43:
5 Kurz vor Bogenschluss
6 Bogenständer und Rahmenstiele

5

6

Die Taminabrücke in der Schweiz 43

7 Zuwegung

Die Ausführung des Überbaus erfolgt als Spannbeton-Durchlaufträger. Die Stützweiten ergeben sich wegen der monolithischen Verbindung mit dem Bogen und infolge der Anordnung der Aufständerungen zu Werten zwischen 38,45 Meter und 62,70 Meter. Der Hohlkastenquerschnitt wird über weite Bereiche konstant mit einer Bauhöhe von 2,75 Metern ausgeführt. Im Bereich der Endfelder erhält er entsprechend seiner Funktion als Rahmenriegel eine Anvoutung auf 5,00 Meter.

Sämtliche Tragwerksteile werden als Stahlbetonkonstruktion oder Spannbetonkonstruktion (Überbau) ausgeführt. Mit dieser Materialwahl ist eine konsequente Umsetzung des Gesamtkonzeptes in ein konstruktiv sinnvolles Tragwerk schlüssig und vor allem auch wirtschaftlich möglich.

Herstellungskonzept

Der Kerngedanke der Herstellung der Brücke besteht im Freivorbau mit Rückverhängung des Bogens. Die Rahmenkonstruktionen der Seitenfelder werden auf Lehrgerüst hergestellt, ebenso wie der Überbau, dessen Herstellung auf einem bogengestützten Gerüst erfolgt. Die steilen Talflanken und die Bereiche der Tamina selbst bleiben somit vollständig unberührt. Ein Höchstmaß an Rücksichtnahme auf die sensiblen Schongebiete ist somit sichergestellt.

8 Höchster freistehender Turmdrehkran Europas
9 Bogenschluss

Ästhetik des Bauens

Neben der technischen Meisterleistung der ausführenden Firmen wohnte dem Herstellungsprozess ein Zauber inne, der sich nicht nur, wie bei Hermann Hesse, am Anfang zeigte, sondern sich über die gesamte Bauzeit hinweg offenbarte und teilweise für eine geradezu mystische Atmosphäre sorgte.

Angesichts der Steilheit des Geländes und der komplizierten Zuwegung stellte die Baulogistik eine besondere Herausforderung dar (Bild 7). Der Lösungsansatz bestand in einer Kombination aus Kranmontage und Montage mittels Kabelkran. Dabei kamen Turmdrehkräne mit einer Ausladung von 75 Metern und einer Hakenhöhe von 115 Metern zum Einsatz – die höchsten bisher in Europa freistehend aufgebauten. Außerhalb der Schwenkbereiche der Turmdrehkräne musste mit einem Kabelkran weitergebaut werden (Bild 8).

Die Herstellung des Bogens erfolgte im Freivorbau mit temporärer Abspannung. Die hierfür erforderlichen Hilfspylone aus Stahl mit einer Höhe von 107 Metern wurden seitlich auf den Kämpferfundamenten aufgestellt. Die Kabel wurden auf Querträgerebenen angeordnet. Auf diesen einzelnen Querträgerebenen wurden auch die Halte- und die Rückhaltekabel gespannt, wobei jedes Kabel mit einer Hohlkolbenpresse bestückt war.

10

11

12

10 Rückbau Pylone und Abspannung
11 Überbau auf Lehrgerüst
12 Betongelenke

Seite 47:
13 Mystische Atmosphäre
14 Kurz vor Bogenschluss
15 Die fertige Brücke

Die Herstellung der einzelnen Bogenelemente erfolgte von den Seiten Valens und Pfäfers nach einer gewissen Einarbeitungszeit parallel im Wochentakt.

Der Bogenschluss erfolgte mit einem Bogenelement von 3 Metern Länge und wurde mit der Freivorbaurüstung der Seite Pfäfers nach dem Abbau der Freivorbaurüstung auf der Seite Valens hergestellt. Die Höhendifferenz von lediglich 2,5 Zentimetern wurde durch ein geringes Entspannen der Rückhaltekabel auf der letzten Querträgerebene des Pylons ausgeglichen (Bild 9).

Nach dem Bogenschluss wurden die Halte- und Rückhaltekabel sowie die Hilfspylone wieder abgebaut (Bild 10). Die Herstellung des Überbaus in den Seitenfeldern erfolgte auf Lehrgerüst.

Der Überbau im Bogenbereich wurde abschnittsweise mit einem auf dem Bogen abgestützten Traggerüst erstellt. Die Betonage erfolgte in Abschnitten vom Bogenscheitel nach außen zu den Kämpfern hin. Dabei stellte der erste Takt hinsichtlich der rechnerischen Stabilität des extrem schlanken Bogens den kritischen Zustand dar (Bild 11). Parallel zur Überbauerstellung erfolgte die Herstellung der massiven radialen Bogenständer mit einer Kletterschalung. Als Besonderheit ist hierbei die Herstellung der vorgespannten Betongelenke hervorzuheben (Bild 12).

Zusammenfassung

Durch die Überbrückung der Taminaschlucht mit einer großzügigen Bogenlösung in Verbindung mit einer stützenfreien Überspannung der seitlichen Hangbereiche in Form biegesteifer Rahmenkonstruktionen wird eine Überquerung des Tales ermöglicht, die infolge der Reduzierung der Stützungspunkte auf ein Minimum (zwei Bogenkämpfer und zwei Widerlager) größtmögliche Rücksicht auf die Geländesituation nimmt.

Neben dem Endprodukt ist der Weg zum Ziel von entscheidender Bedeutung – erst recht, wenn dieser Weg auf so spektakuläre Art und Weise beschritten wird wie bei der Taminabrücke.

Ein Wermutstropfen für die „Helden der Baustelle" besteht sicher darin, dass ihre schwindelerregenden Bauzustände zwangsläufig immer auch einen entschieden ephemeren Charakter haben. Vielleicht tröstet die grandiose Ästhetik, festgehalten für die digitale Ewigkeit, ein wenig darüber hinweg (Bilder 13 und 14). Nach 4 Jahren Bauzeit wurde die Taminabrücke am 22. Juni 2017 unter begeisterter Teilnahme der Bevölkerung offiziell eröffnet und dem Verkehr übergeben. Aus der von der Wettbewerbsjury vorhergesagten Chance, ein Wahrzeichen der Gegend zu werden, wurde Realität (Bild 15).

Volkhard Angelmaier

OBJEKT
Taminabrücke
STANDORT
St. Gallen, Schweiz
BAUZEIT
2013–2016
BAUHERR
Tiefbauamt des Kantons St. Gallen, Sektion Kunstbauten, St. Gallen, Schweiz
INGENIEURE + ARCHITEKTEN
Entwurf: Leonhardt, Andrä und Partner Beratende Ingenieure VBI AG, Stuttgart
Planungspartner: dsp Ingenieure & Planer AG, Greifensee, Schweiz; Smoltczyk & Partner GmbH, Stuttgart
Prüfingenieure: Prof. Thomas Vogel, ETH Zürich, Zürich, Schweiz; Pascal Klein, Dipl. Ing. ETH/SIA/USIC, Zürich, Schweiz
Baugrundgutachter: Dr. von Moos AG, Zürich, Schweiz
Bauleitung: Leonhardt, Andrä und Partner Beratende Ingenieure VBI AG, Stuttgart; dsp Ingenieure & Planer AG, Greifensee, Schweiz
BAUAUSFÜHRUNG
ARGE Taminabrücke (STRABAG AG, J. Erni AG, Meisterbau AG)
Planung Lehrgerüste: LGB – Lehrgerüstbau GmbH, Meiningen, Österreich

13

14

15

Die Taminabrücke in der Schweiz 47

SCHWUNGVOLLE ÜBERDACHUNG – DIE SCHIERKER FEUERSTEIN ARENA

1 Nutzung als Eisstadion

Die offene Überdachung der Schierker Feuerstein Arena im Süden Sachsen-Anhalts bietet ihren Nutzern nicht nur Schutz vor Sonne, Schnee und Regen, sondern fügt dem von ursprünglicher Natur geprägten Ort auch einen besonderen Raum hinzu. Trotz der hohen Schneelasten der beliebten Wintersportregion kommt das leichte, seilnetzgestützte Membrandach mit nur zwei Auflagerpunkten aus und überspannt so die Grundrissfläche von über 2300 Quadratmetern in einem aufsehenerregenden Schwung.

Der Oberharz stellt ein attraktives Erholungsgebiet dar, das zu jeder Jahreszeit und über die deutschen Grenzen hinaus Touristen anzieht. Um dieses besondere Potenzial zu nutzen, wurde das denkmalgeschützte Natureisstadion des verkehrstechnisch günstig gelegenen Ortsteils Schierke der Stadt Wernigerode zu einer modernen multifunktionalen Arena umgebaut.

Zentrales Element des internationalen Wettbewerbs war neben den Funktionsgebäuden und der Sanierung der Tribünen vor allem die Überdachung der multifunktionalen Sport- und Eventfläche, deren speziell aufgebauter Bodenbelag im Winter zur Eisfläche für Sport und Freizeit wird.

Vor allem diese Winternutzung greift die Funktion der damaligen Natureissport-Arena für den ortsansässigen Eishockeyverein wieder auf.

Leitgedanke von GRAFT Architekten für den Entwurf war es, ein Dach zum Schutz vor Regen, Schnee und Sonne zu entwickeln, das leicht und elegant wirkt, ohne den Blick auf die malerische Umgebung zu verdecken.

An der südlichen Flanke begrenzt der Flusslauf der Kalten Bode das Gelände, während der nördliche Abschluss durch die Natursteintribünen und den bestehenden, holzverkleideten Wettkampfturm gebildet wird. Durch das Öffnen der langen Dachflanken sollen die Umgebung und Atmosphäre mitinszeniert und verstärkt werden. Die Reduktion der Konstruktion auf ein System mit wenigen Auflagerpunkten hält zudem den Gewässerschutzstreifen der Kalten Bode frei und aktiviert damit wertvollen, nicht direkt bebaubaren Raum.

Entwurf des Flächentragwerks

Bei zwei orthogonal zueinanderstehenden und gegensinnig gekrümmten Seilscharen wird die Krümmung der einen Seilschar durch die Umlenkkräfte der jeweils anderen Schar erzeugt, sodass eine räumliche Sattelfläche mit echtem Eigenspannungszustand auch ohne zusätzliche Auflasten möglich wird. Es entsteht ein hoch effizientes Flächentragwerk, dessen Steifigkeit sowohl aus der quasi lastaffinen Netzform (gegen Druck und Sog) als auch aus dem Eigenspannungszustand generiert wird. Die Vorspannung sorgt dafür, dass sich immer sowohl die Trag- als auch die Spannseile am Lastabtrag

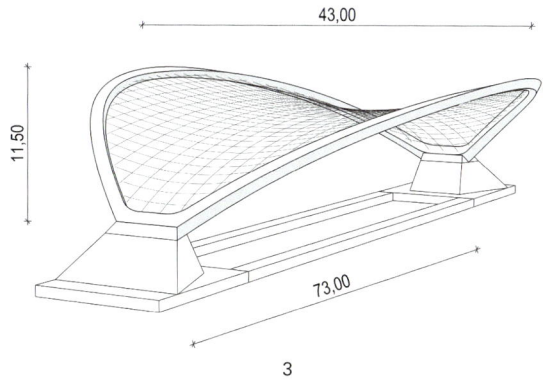

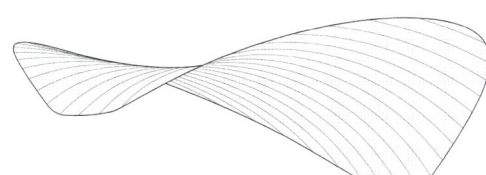

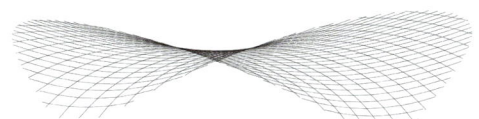

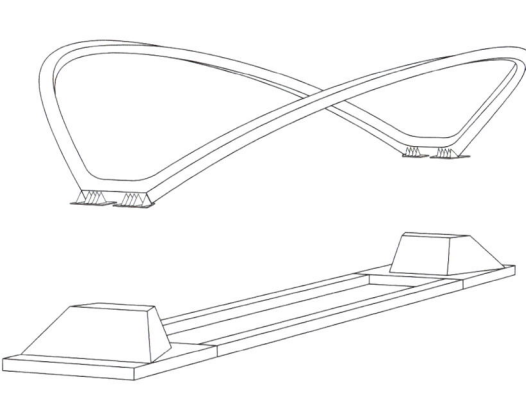

beteiligen. Neben der Tragfähigkeit kann so auch die Gebrauchstauglichkeit mit einer extrem filigranen Fläche sichergestellt werden.

Das Dach über der Sportfläche der Arena besteht aus einem solchen sattelförmigen Flächentragwerk, das von einem Stahlrandträger, einem Seilnetz und einer darüber liegenden Membran gebildet wird (Bilder 3 und 4). Der dynamisch geformte Stahlrandträger fasst die Ebenen ringartig ein und lagert an den beiden tiefsten Punkten. Sämtliche äußeren Einwirkungen werden von der Membran über das Seilnetz in den Randträger eingeleitet, welcher die Lasten an den Tiefpunkten der Sattelfläche in die Fundamente und von dort über die Flachgründung in den Baugrund führt. Horizontale Lagerreaktionen in Richtung der Längsachse werden von einem zentrisch vorgespannten Stahlbetonband kurzgeschlossen, das unter der Arenafläche verläuft.

Gestalt, Gebrauchstauglichkeit und Baubarkeit hängen bei Tragwerken dieser Art direkt von physikalischen Zusammenhängen der Globalstatik ab und müssen im Entwurfs- und Formfindungsprozess zu einem schlüssigen Ganzen finden. Ingenieurtechnisches Entwurfsziel ist dabei im ersten Schritt, die Sattel- und Randträgerform so einzustellen, dass mit möglichst kleinen Seilkräften und möglichst wenig Biegung im Randträger Tragsicherheit und Gebrauchstauglichkeit erreicht werden, ohne dabei die räumlichen Randbedingungen au-

2 Stadion mit Umgebung
3 Globale Abmessungen des Dachtragwerkes
4 Explosionszeichnung: Membran, Seilnetz, Randträger, Fundament

ßer Acht zu lassen. Mit zwei Hochpunkten und zwei Tiefpunkten, die sich aus der Geometrie der Sattelform ergeben, überspannt die Konstruktion den Platz vor den Zuschauertribünen in einem etwa 75 Meter weiten Schwung. Um Einsparpotenzial in der Herstellung zu schaffen, wurde eine streng doppelt achsensymmetrische Form entworfen. Die Hochpunkte liegen etwa 11,5 Meter über den Tiefpunkten, welche ihrerseits etwa 4 Meter über dem Gelände auf schweren Betonsockeln lagern (Bild 6).

Das trotz seiner komplexen Globalform klar und schlicht konstruierte Tragwerk überdacht einen ovalen Grundriss von etwa 2.300 Quadratmetern mit einem Längen-/Breiten-Verhältnis von etwa 75 zu 45 Meter. Da die Sattelfläche überall ausreichendes Gefälle bietet, wird das

Die Schierker Feuerstein Arena 51

5 Dachuntersicht mit historischer Natursteintribüne und denkmalgeschütztem Wettkampfrichterturm
6 Dachuntersicht mit Fundamentsockel

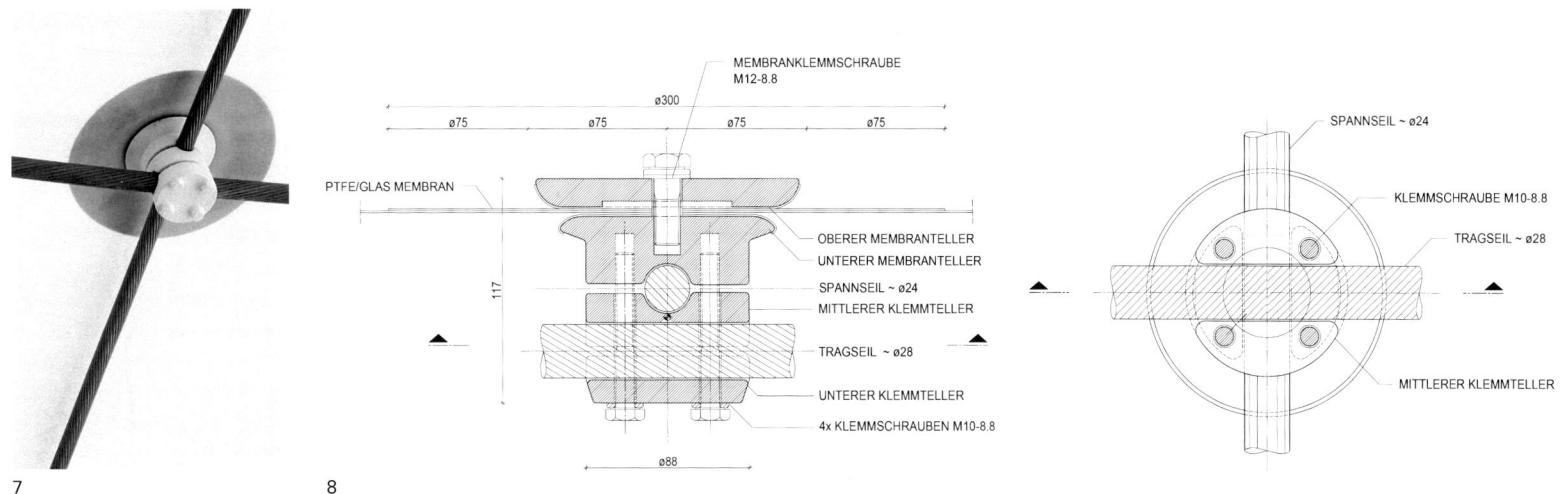

7 Membran mit Seilnetzknoten
8 Klemmknotendetail im Querschnitt und Längsschnitt

Regenwasser ohne zusätzliche Maßnahmen zu den beiden Tiefpunkten geführt. Hier findet eine von außen nicht sichtbare Entwässerung durch den Randträger und die Betonsockel statt.

Die Membran

Membran und Seilnetz ähneln sich grundsätzlich im Aufbau und Tragverhalten, da beide Ebenen aus Zuggliedern mit zwei orthogonal zueinander ausgerichteten Scharen verknüpft bzw. gewebt sind. Neben dem ruhigen Erscheinungsbild der Membrannähte parallel zu den Seilzügen (Bild 6) bedingt dies eine Reduktion des Membranabfalls aus Verschnitt, da der Zuschnitt quasi parallel zur gewebten Ausrichtung der Membranbahnen verläuft. Aus der Vogelperspektive verlaufen die Hauptnähte genau mittig zwischen den Tragseilen des Seilnetzes, das mit seinem Raster von 2 Meter x 2 Meter die herstellbaren Bahnbreiten der PTFE/Glas-Membranen von über 4 Meter berücksichtigt. Die PTFE-beschichtete Glasfasermembran hat eine Festigkeit von etwa 133/114 Kilonewton pro Meter Kett/Schuss und eine Lichtdurchlässigkeit von mehr als 12 Prozent.

Die Ähnlichkeit im Aufbau von Seilnetz und Membran ermöglicht auch, dass mit diesem Nahtlayout beide Ebenen parallel, aber berührungslos übereinander gegen den Rand gespannt werden können, bevor dann Seilnetz und Membran zwängungsfrei miteinander an den Seilnetzknoten verknüpft werden. Der Abstand zwischen Membran und Spannseilschar beträgt im Endzustand etwa 3 Zentimeter, um eine häufige Berührung zwischen Membran und Spannseilschar aus leichten Windböen zu vermeiden, gleichzeitig aber das Anschmiegen unter den hohen Schneelasten zu ermöglichen.

Im Bereich der 540 Klemmknoten (Bild 7) wird die Membran jeweils durch zusätzliche kreisförmige Membranlagen verstärkt. Zudem wird die vierteilige Seilklemme (Bild 8) um einen Klemmteller zur Befestigung der Membran von oben ergänzt.

Wesentliche Aufgabe bei der Detaillierung dieser Knotenklemmung war es, mit einer möglichst schlichten Lösung alle Anforderungen wie Kraftübertragung, Dichtigkeit und Montierbarkeit zu erfüllen. Die Membran ist nach Installation der oberen Klemmteller in allen Punkten horizontal und vertikal am Seilnetz fixiert und überträgt sowohl Windsoglasten als auch horizontale Differenzkräfte aus asymmetrischen Schneelastszenarien von der Membranebene in das Seilnetz.

Das Seilnetz

Das streng orthogonale Seilnetz besteht aus offenen, galfan-verzinkten Spiralseilen. Einfache Seile wurden an Stelle von Doppelseilen gewählt, um zum einen die

9

Montage zu vereinfachen und zum anderen die Untersicht so homogen und ruhig wie möglich zu halten. Insgesamt wurden mit Tragseilen (D = 28 Millimeter) und Spannseilen (D = 24 Millimeter) ca. 2.250 Meter hochfeste Seile verbaut. Beide Seilscharen wurden an Anfang und Ende über Gabel-Gewindefittinge mit dem Randträger verbolzt (Bild 9).

Der Randträger

Der Randträger hat eine Gesamtlänge von etwa 190 Metern und ist zur Längs- und Querachse symmetrisch. Um leicht und dynamisch zu wirken, wird ein geschweißter Stahlhohlkasten (S355) aus unterschiedlichen Querschnitten entwickelt, der seine Form über die Länge des Trägers stetig ändert (Bild 10). Daraus ergeben sich doppelsinnig gekrümmte Mantelbleche, die innenliegend ausgesteift werden müssen. Die Höhe der Hohlkästen variiert zwischen 60 Zentimeter und 1,4 Meter mit Blechdicken zwischen 15 Millimeter und 55 Millimeter. Zur Optimierung der Blechdicken wurde der Träger in 26 Abschnitte mit je vier Blechflanken eingeteilt und schrittweise optimiert.

Im Auflagerbereich ist der Randträger über Schotte mit einer 70 Millimeter starken, waagerechten Stahlfußplatte verschweißt, die nach Vorspannung der Anker steif und kraftschlüssig mit dem massiven Stahlbetonsockel verbunden ist (Bild 11).

Die Fundamente

Die pyramidenstumpfartigen Stahlbetonsockel messen im Grundriss 9 Meter x 10 Meter und sind etwa 3,7 Meter hoch. Sie stehen auf einer 1 Meter starken Bodenplatte, die so dimensioniert wurde, dass sämtliche Lasten flachgegründet in den Baugrund abgetragen werden können. So konnte auf die Anordnung von Bohrpfählen verzichtet werden, was sonst zu kostspieligen Kollisionen von Bohrgeräten mit Findlingen im Baugrund hätten führen können. Die Widerlager sind unter der Eisfläche über Spannbeton-Zugbänder miteinander verbunden (Bild 3). Um ausreichende horizontale Steifigkeit des Tragwerkes gegen den starken Bogenschub in Richtung der langen Achse gewährleisten zu können, werden diese Bänder zentrisch vorgespannt.

9 Randträger und Membran mit Seilnetz

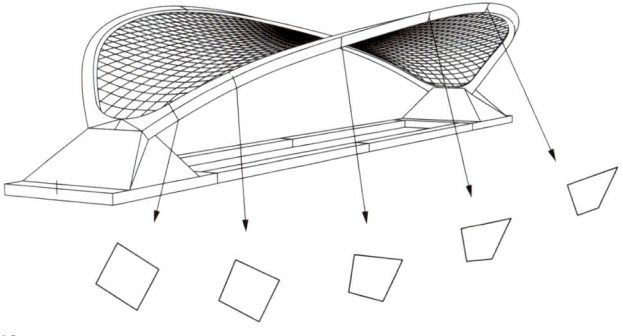

10

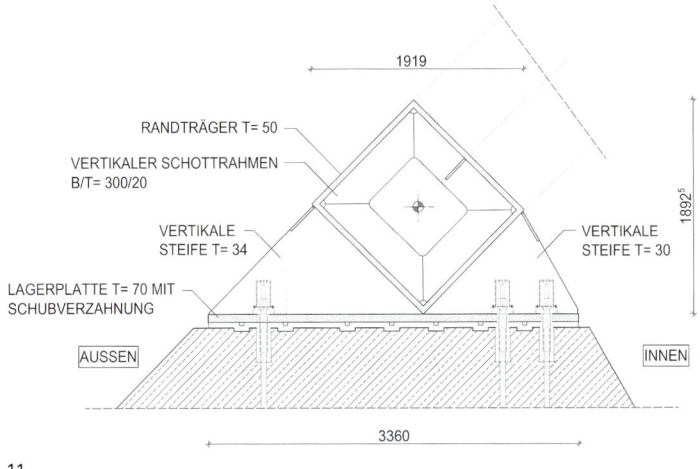

11

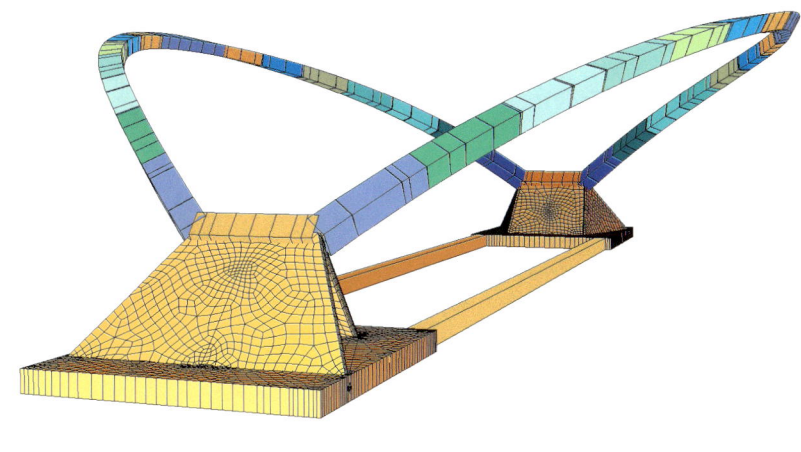

12

10 Unterschiedliche Querschnitte des Randträgers
11 Lagerdetail des Randträgers mit anschließendem pyramidenstumpfartigen Stahlbetonsockel
12 Randträger im FE-Modell, Gruppeneinteilung farblich gekennzeichnet

Planerische Besonderheiten

Die bereits angedeuteten Einflüsse auf die richtige Form des Daches in Schierke sind vielfältig. So ist die Formfindung der Randträgergeometrie in Bezug auf die Wirtschaftlichkeit nur sinnvoll, solange auch alle funktionalen bzw. architektonischen Anforderungen erfüllt werden können. Beispielsweise hängt die Herstellung ausreichenden Gefälles für den Wasserabfluss, die Einhaltung des nötigen Lichtraumes unter dem Dach und nicht zuletzt die Vermeidung des Druckausfalls in den Seilen direkt vom physikalischen Gleichgewicht der Kräfte im Seilnetz ab.

Um der Komplexität der Optimierungsaufgabe des Daches für verschiedene Lastfälle und Randbedingungen gerecht zu werden, wurde an Stelle der klassischen Formfindung ein Optimierungsalgorithmus angewendet, der sich ähnlich einem beschleunigten Evolutionsprozess unter Variation verschiedener Parameter automatisch dem Optimum minimaler Stahlmassen nähert. Dabei wurden im Wesentlichen die Randträgerform (Bild 12), die Seilvorspannungen und das Eigengewicht des Trägers variiert und über einen intelligenten Vergleich vieler Bemessungsergebnisse optimiert.

Fazit

Ähnlich seinem Vorbild in Wolfsburg, der Überdachung der Ausfahrt vor dem KundenCenter der Autostadt, profitierte auch das hochoptimierte Dach der Schierker Feuerstein Arena von der frühen Zusammenarbeit zwischen den Architekten und schlaich bergermann partner. Von doppelt gekrümmten Hohlkastenblechen über den Zuschnitt der vorgespannten Sattelfläche aus Seilen und Membran bis hin zur exakten Montage der Seil- und Membranklemmung mussten sich in der Ausführung spezialisierte Unternehmen den technischen Herausforderungen stellen und darüber hinaus komplexe Schnittstellen zum angrenzenden Gewerk aktiv betreuen.

Mike Schlaich, Ron-Marten Behnke

OBJEKT
Schierker Feuerstein Arena
STANDORT
Wernigerode (Ortsteil Schierke)
BAUZEIT
2017
BAUHERR
Stadt Wernigerode
INGENIEURE + ARCHITEKTEN
Tragwerksplaner: schlaich bergermann partner, Berlin
Architekt: GRAFT, Berlin
Landschaftsarchitekten: WES LandschaftsArchitektur, Hamburg
AUSFÜHRENDE FIRMEN
Zeman, Wien; Taiyo, München; U&W mit STRATIE Bau

BAUEN MIT REZYKLATEN – DIE EXPERIMENTALEINHEIT UMAR IM SCHWEIZER NEST-CAMPUS

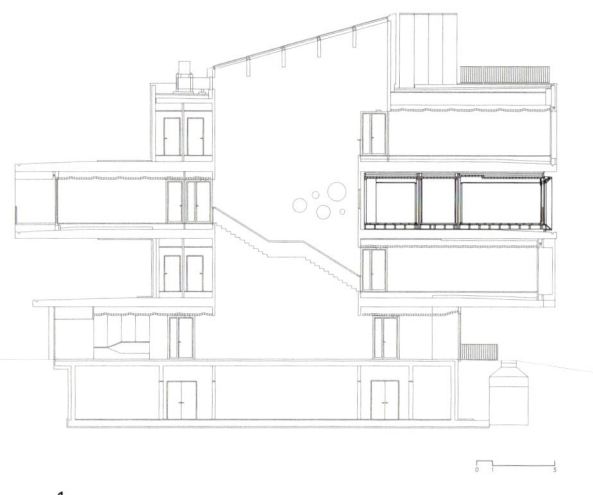
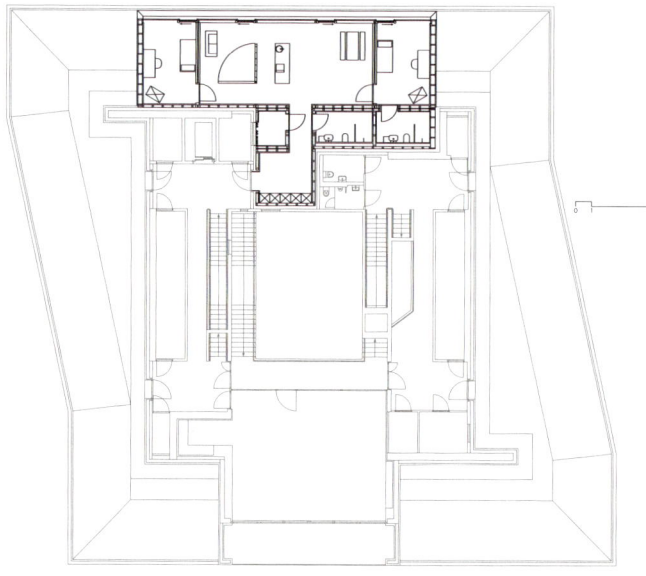

1 Querschnitt durch das NEST-Gebäude
2 Grundriss des zweiten Obergeschosses – Die Einheit UMAR befindet sich am oberen Bildrand.

Die Experimentaleinheit „Urban Mining & Recycling" (UMAR) im schweizerischen Dübendorf ist die erste umfassende Anwendung von Rezyklaten im seriellen Wohnungsbau. Der Entwurf von Werner Sobek mit Dirk E. Hebel und Felix Heisel zeigt auf, wie ein verantwortlicher Umgang mit unseren Ressourcen mit einer ästhetisch und funktional überzeugenden Architektur kombiniert werden kann. Dem Entwurf liegt die These zugrunde, dass alle zur Herstellung eines Gebäudes benötigten Materialien vollständig wiederverwendbar, wiederverwertbar oder kompostierbar sein müssen. Um dies zu garantieren, wurden jedes Detail, jedes Produkt und jede Konstruktion kritisch hinterfragt.

Einleitung

Die Experimentaleinheit UMAR ist Teil des Forschungsgebäudes NEST auf dem Campus der Eidgenössischen Materialprüfungs- und Forschungsanstalt (EMPA) im schweizerischen Dübendorf. Der Kreislaufgedanke spielt bei diesem Entwurf eine zentrale Rolle: Alle zur Herstellung des Gebäudes benötigten Ressourcen sind vollständig wiederverwendbar, wiederverwertbar oder kompostierbar – und entstammen in der Regel bereits existierenden technischen bzw. natürlichen Kreisläufen, in die sie später wieder zurückgeführt werden. UMAR ist somit ein temporäres Materiallager. Wiederverwendung und Wiederverwertung spielen hierbei eine ebenso große Rolle wie Recycling (sowohl auf systemischer

3 Explosionsdarstellung der wesentlichen Komponenten der Experimentaleinheit

4

wie auch auf molekularer bzw. biologischer Ebene, z. B. durch Einschmelzen oder Kompostierung). Der komplett vorfabrizierte und im Werk getestete Bau ist in Modulbauweise ausgeführt. Das Tragwerk besteht ebenso wie große Teile der Fassade aus unbehandeltem Holz, das nach dem Rückbau wiederverwendet bzw. kompostiert werden kann. In der Fassade wurden neben Holz vor allem Aluminium und Kupfer eingesetzt – beide Metallarten können sortenrein eingeschmolzen und rezykliert werden. Auf Klebungen wurde vollkommen verzichtet. Die Räumlichkeiten sind mit einer Vielzahl von rezyklierten bzw. recyclinggerechten Materialien ausgebildet. Darunter sind klassische Materialien wie Holz oder Stahl, aber auch Plattenwerkstoffe aus Getränkeverpackungen, Hart-Polyethylen-(HDPE-)Kapseln oder Altglas. Was alle diese Materialien gemein haben, ist die garantierte Rückführbarkeit in bzw. die Entnahme aus einem bereits bestehenden technischen oder biologischen Kreislauf.

Alle konstruktiven Verbindungen wurden so gestaltet, dass die komplette Einheit nach einer voraussichtlichen Standzeit von fünf Jahren vollständig und sortenrein in ihre einzelnen Bestandteile zerlegt werden kann. Zur Anwendung kamen oft klassische handwerkliche Lösungen, wie z. B. bei der Verbindung der Kupferbleche an der Fassade durch Kanten und Klemmen. Diese traditionellen Methoden stehen einem modernen Erscheinungsbild nicht entgegen. Dies zeigt sich z. B. bei der

5

4 Die vorgefertigten Module wurden mithilfe zweier Kräne in das Baufeld eingehoben.
5 Deckenuntersicht im Flurbereich – Sämtliche Installationsstränge wurden im Werk installiert und vor Ort über speziell konzipierte Steck- und Schraubverbindungen miteinander verbunden.

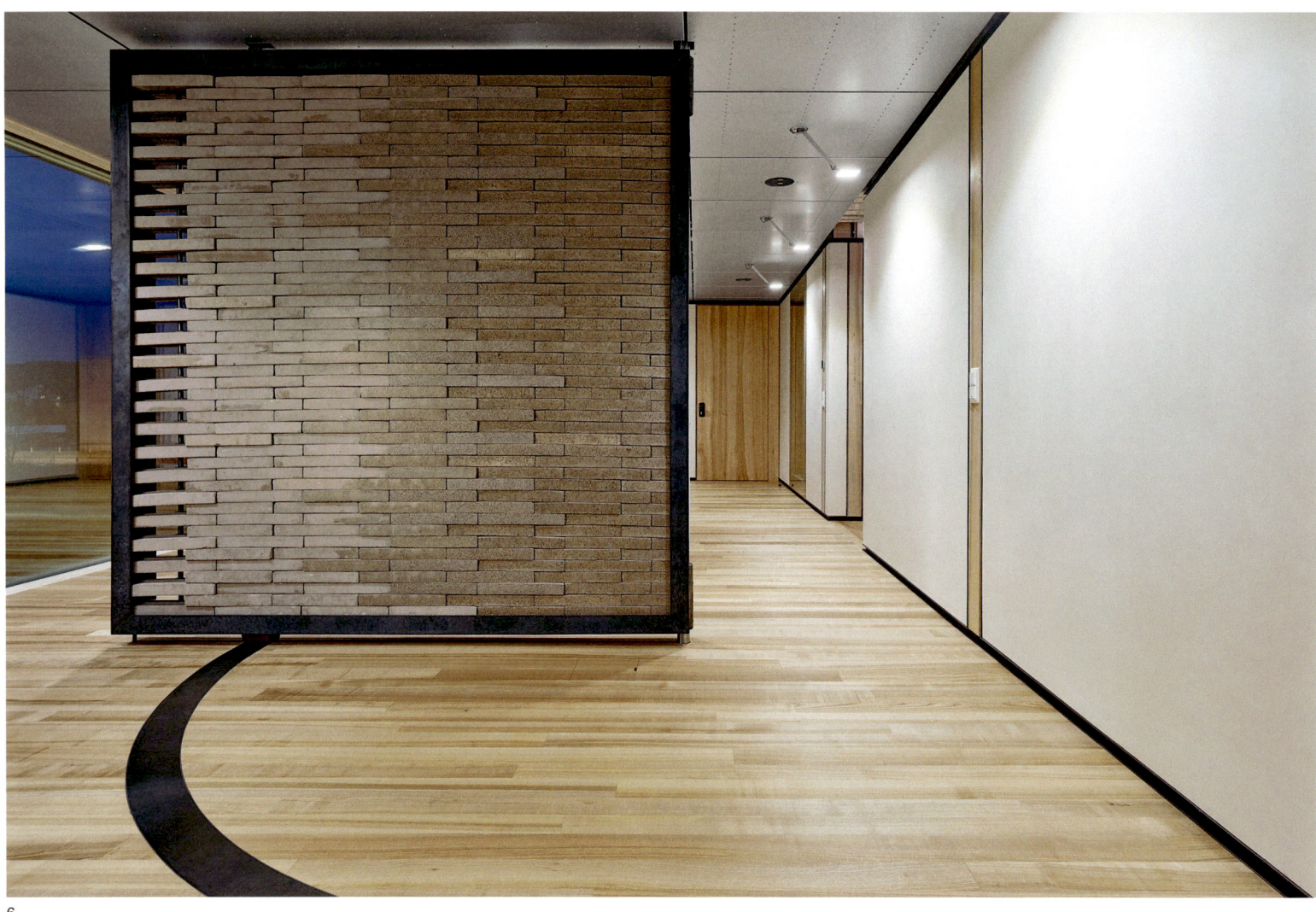

6 Innenansicht des Wohnbereichs – Eine mörtelfreie Wand aus Ziegeln dient als drehbarer Raumteiler.

Ausbildung der Fensterfront. Obwohl nur Trockendichtungen und Klemmprofile verwendet wurden, konnte ein elegantes Erscheinungsbild mit schmalen Deckleisten realisiert werden. Der Verzicht auf nicht reversible Verbindungen wurde konsequent in der gesamten Einheit durchgesetzt. So zeigte sich, dass auch an besonders sensiblen Stellen wie der Dampfsperre und den Abdichtungen in den Bädern auf Verklebungen verzichtet werden kann.

Aufbau

UMAR besteht aus insgesamt sieben vorgefertigten Modulen. Diese Module sind über ein Treppenhaus und eine Technikschnittstelle mit dem Hauptgebäude verbunden. Alle Module sind aus Fichtenvollholz gefertigt und haben eine einheitliche Grundstruktur. Die Module sind jeweils maximal 3,86 Meter breit, 11,30 Meter lang und 3,53 Meter hoch. Der Zusammenschluss der einzelnen Elemente erfolgte durch Steck- und Schraubverbindungen. Die lichte Raumhöhe beträgt im Bereich der abgehängten Decken 2,50 Meter. Die Brutto-Grundfläche liegt bei ca. 160 Quadratmetern, die Netto-Raumfläche bei ca. 125 Quadratmetern. Die Module wiegen zusammen ca. 26,5 Tonnen.

Die Module wurden von der Firma Kaufmann in Reuthe in Vorarlberg, Österreich, komplett vorgefertigt und dann in die Schweiz transportiert. In Dübendorf wurden die Module dann mithilfe zweier Kräne innerhalb weniger Stunden an ihre Position im zweiten Obergeschoss des NEST-Gebäudes gehoben. Anschließend wurden die Module am Rohbauboden verankert und durch Steck- und Schraubverbindungen miteinander verbunden, so dass die für den Transport eingebauten temporären Stützen entfernt werden konnten.

Nach Kopplung der Module erfolgte das Einglasen der Fensterfront; die Glasscheiben spannen über die Modulfugen, so dass letztere von außen nicht sichtbar sind.

Danach wurden die vorinstallierten Rohre an den Fugen gekoppelt; Strom- und Datenleitungen wurden mittels Stecker verbunden. Abschließend wurde im Innenraum der Boden im Bereich der Fugen ergänzt; im Wandbereich wurde jeweils ein Passstück eingesetzt, während im oberen Bereich die Fugen durch die abgehängte Decke überdeckt wurden.

In brandschutzrelevanten Bereichen wurde Steinwolle als Dämmung verwendet, während an anderen Orten rezyklierte Jeansstoffe und Hanf als Dämmung verwendet wurden. Alle Räume sind innenseitig mit einer Dampfbremse ausgekleidet, die nur durch Klemmung befestigt ist.

Fassade

Die Fensterfront verläuft raumhoch über die volle Breite der Einheit. Der tragende Rahmen der Fensterfront besteht aus unbehandelter Weißtanne. Er ist Bestandteil der Grundkonstruktion der Module. Die jeweiligen Pfosten der Fensterrahmen fungieren als lastabtragende Stützen, so dass keine zusätzlichen Stützen hinter der Fassade ausgebildet werden mussten.

Die Glasscheiben werden nur durch eine fein ausgebildete Pressleiste gehalten. Statt Verklebungen und Silikon wurden ausschließlich Trockendichtungen verwendet. Auf eine Sonnenschutzbeschichtung für die Wärmeschutzverglasung mit Argon-Füllung wurde zugunsten einer besseren Rezyklierbarkeit verzichtet – aber auch, um die solaren Gewinne in Kombination mit dem außenliegenden Sonnenschutz bei Bedarf gezielt für die Einheit nutzen zu können. Die Gläser können nach Rückbau trockenmechanisch von Bestandteilen wie Folien und Dichtungsgummis getrennt und wieder der Glasproduktion zugeführt werden. Der um die Fensterfront ausgebildete Portalrahmen besteht aus Kupferblechen, die auf einer Holzunterkonstruktion aufgebracht sind. Neben neu hergestellten Kupferblechen wurden auch wiederverwendete Bleche von anderen Gebäuden eingesetzt. Diese wiederverwendeten Bleche fanden auch einen Einsatz als Lochblech für die Verkleidung der Fugen zwischen UMAR und dem restlichen Gebäude.

Innenausbau

Im Wohn- und Eingangsbereich besteht der Boden aus 25 Millimeter hohen Bodenriemen aus massiver Esche, die auf 40 Millimeter hohen Latten lagern. Zwischen den Latten befindet sich eine Trittschalldämmung aus Hanf. Die Schlafzimmer sind mit Teppichboden ausgestattet. Dieser liegt lose auf einer 30 Millimeter hohen Zellulose-Platte auf und ist seitlich durch ein Stahlprofil gegen Verrutschen gesichert. Die Zellulose-Platte selbst lagert wie der Holzboden im Wohnbereich auf 40 Millimeter hohen Latten.

7 Detailansicht der Ziegelwand – Die Recycling-Steine aus mineralischem Bauschutt können in vielen unterschiedlichen Farbnuancen und Oberflächenqualitäten hergestellt werden.
8 Der kabellose Lichtschalter versendet piezoelektrisch erzeugte Funksignale. Er ist direkt auf ein Wandelement aus rezykliertem Glas aufgebracht.

9 Innenansicht eines der beiden Bäder in der Experimentaleinheit. Die Wandelemente sind aus rezykliertem HDPE gefertigt und allein durch Trockenbauweise miteinander verbunden.

10 Übersicht über einige der in UMAR verwendeten Baustoffe, die alle aus technischen oder biologischen Kreisläufen entstammen und sortenrein in diese zurückgeführt werden können

Seite 63:
11 Ansicht der Südost-Fassade des NEST-Gebäudes im schweizerischen Dübendorf – Die Experimentaleinheit UMAR befindet sich im zweiten Obergeschoss.

Hinweis
Detaillierte Informationen zum Projekt ebenso wie zu den verwendeten Materialien und deren Position im Ressourcenkreislauf finden sich unter:
www.nest-umar.net

Die Böden in den Bädern sind als fugenlose Edelstahlwanne ausgebildet. Diese Wanne endet hinter den seitlichen Wandverkleidungen, die aus Altglas bzw. aus rezykliertem HDPE bestehen. Die Platten der Wandverkleidung sind im Fugenbereich über Schrauben und Pressleisten mit der eigentlichen Tragkonstruktion verbunden, so dass eine dichte Oberfläche gewährleistet ist.

Die Wände in den Wohn- und Schlafbereichen bestehen in der Regel aus einem Trockenbausystem, das auf den Rohstoffen Holz, Lehm, Ton und Hanf beruht. Eine 22 Millimeter starke Lehmbauplatte wird hierfür auf eine 40 Millimeter hohe Unterkonstruktion aus Holz geschraubt. Auf diese Lehmbauplatte wird ein 5 Millimeter hoher Armierungsmörtel aus Ton und Lehm aufgebracht, in den ein Gewebe aus Flachs eingelegt ist. Abschließend wird der Wandaufbau mit einem 2 Millimeter dicken Feinputz aus Lehm überzogen.

Zusätzlich zum Standardwandaufbau gibt es drei weitere Bereiche, die für die Präsentation alternativer Wand-

11

verkleidungen verwendet werden. Hierbei werden wie beim Lehmtrockenbausystem jeweils das betreffende Deckmaterial und das Trägermaterial gezielt sichtbar gemacht. Bei diesen alternativen Wandverkleidungen handelt es sich zum einen um unbehandelten Filz, der auf Zellulose-Platten aufgebracht ist. Eine weitere Alternative ist Glasschaum auf Platten aus ehemaligen Getränkekartons. Das dritte Element sind Mycelium-Platten, auf die ein Lehmputz aufgebracht wird. Diese Platten bestehen aus Zellulose, die durch das gezielte Indizieren von Pilzkulturen stabilisiert wird; die Pilzkulturen werden nach Erreichen der erforderlichen Dichte abgetötet.

Die abgehängte Decke besteht aus großformatigen perforierten Aluminiumkassetten. In den Kassetten befindet sich ein dunkles Vlies, das der Schallabsorption dient. Die Kassetten enthalten zum Teil Heiz- und Kühlschleifen. Die in die abgehängte Decke integrierten LED-Leuchten und Sprinklerköpfe sind von den Kassetten komplett entkoppelt. Die Deckenleuchten bestehen aus gebürstetem Aluminium. Auf jegliche weitere Oberflächenbehandlung wurde zugunsten einer besseren Rezyklierbarkeit verzichtet.

Die Türblätter sind – wie der Holzboden – aus mit Hartöl behandelter Esche gefertigt. Der Kern der Türen besteht aus Zelluloseplatten. Auch die 120 Millimeter breiten und raumhohen Wand-Passstücke, die die Fuge zwischen zwei Modulen überdecken, sind aus Eschenholz. Die Passstücke sind mit der Grundkonstruktion verschraubt. Alle Schalter in der Wohneinheit befinden sich auf solchen Passstücken. Sie geben Schaltbefehle über piezoelektrisch erzeugte Funksignale weiter und können so ohne Kabel und ohne Batterien betrieben werden.

Angaben zu sämtlichen bei UMAR verwendeten Materialien werden in die Datenbank einer gemeinnützigen Stiftung – der niederländischen Madaster Foundation – aufgenommen, so dass bei dem für 2023 geplanten Rückbau eine gezielte Weitergabe der verwendeten Ressourcen möglich wird.

Werner Sobek, Bernd Köhler

OBJEKT
NEST-Unit
„Urban Mining & Recycling"
STANDORT
Dübendorf, Schweiz
BAUZEIT
2017
BAUHERR
Empa, Eidg. Materialprüfungs- und Forschungsanstalt, Dübendorf, Schweiz
INGENIEURE + ARCHITEKTEN
Konzeption, Entwurf und Objektplanung: Werner Sobek mit Dirk E. Hebel und Felix Heisel, Stuttgart und Karlsruhe, Deutschland
Tragwerksplanung und Generalunternehmer: Kaufmann Zimmerei und Tischlerei GmbH, Reuthe, Österreich
HLSKE und MSR: Amstein-Walthert AG, Zürich, Schweiz
Sprinkler: NBG Ingenieure AG, Bern, Schweiz; JOMOS Feuerschutz AG, Balsthal, Schweiz
Brandschutz: Balzer Ingenieure AG, Chur, Schweiz
Bauphysik: Weber Energie und Bauphysik, Schaffhausen, Schweiz

STIMMIGE VEREINBARKEIT VON HOLZBAU UND BRANDSCHUTZ – DIE NEUE TURNHALLE IN HAIMING

1, 2 Außenansicht der beiden Stirnseiten

Inmitten der Idylle des Landkreises Altötting wurde in Haiming die Erneuerung und Erweiterung der alten Schulsporthalle notwendig, ohne die Struktur des Ortskerns durch ihre Größe optisch nachhaltig zu beeinträchtigen. Die Wahl fiel auf den natürlichen Baustoff Holz, dessen Optik sich perfekt in die Landschaft einfügt. Die hier vorgestellte Lösung zeigt, wie sich hierbei der Brandschutz preiswert und dennoch hochwertig realisieren ließ.

Zum Kontext – Idylle und Industrie

Haiming, ein Dorf mit gut 2000 Einwohnern, liegt am Zusammenfluss von Inn und Salzach. Der Naturraum der beiden Flüsse – ihre Täler und Auen – prägt die Landschaft des Niedergern. Mit der Aufnahme der Siliziumproduktion durch die Firma Wacker 1955 und dem Bau der TAL (Transalpine Ölleitung) und ihrem Anschluss nach Burghausen 1966 begann ein rasanter wirtschaftlicher und industrieller Aufstieg des vormals rein landwirtschaftlich geprägten Raumes. Im Westen des Dorfes sieht man hinter den Kuhweiden und Wäldern die rauchenden Schlote des nahen Industriegebietes mit seinen Raffinerien und Chemiewerken aufscheinen.

Der binnenräumliche Kontext der hier beschriebenen Halle zeugt trotz vielerlei einfacher Bauten von einer strukturell intakten Ortsmitte. Im Zentrum befindet sich die Kirche, umgeben vom Friedhof, daneben das neue Rathaus, der kleine Edeka-Laden. Zur anderen Seite der Kirche liegen das Schulhaus aus der Jahrhundertwende mit seinen Erweiterungen und Überformungen aus den 1950er-, 1990er- und 2010er-Jahren, die Schulsporthalle aus den 1970er-Jahren und ein Gasthaus.

Die städtebauliche Setzung der neuen Turnhalle orientiert sich an diesem stimmigen Bezugsrahmen. Sie folgt dem Primat der Zurückhaltung.

Zum Raumkonzept – Konglomerat oder Komposition

Unter Einbeziehung der alten Schulturnhalle entstand ein Konglomerat aus miteinander verwachsenen Gebäudeteilen mit unterschiedlichen Dachneigungen, Richtungen und Höhen. Die niedrigeren Trakte für Technik, Umkleiden und Geräteräume sind größtenteils an die Stirnseiten der neuen Halle gelegt.

Sie ermöglichen freigehaltene Hallenlängsseiten. Dadurch wird eine großzügige Belichtung durch die raumhohe und blendfreie Polycarbonat-Fassade an der Nord-West-Seite ermöglicht. Eine große Fensterfront an der Südseite bietet Ein- und Ausblicke. Die Halle selbst ist ca. einen Meter in die Erde eingegraben und mit ihrer flachen Dachneigung an den Giebelseiten nur so hoch wie nötig konzipiert. Eine gewisse Analogie zu großen landwirtschaftlich genutzten Gebäuden im Dorf ist Absicht.

3 Die freigehaltenen Hallenlängsseiten
4 Innenansicht der Südseite

Zum Tragwerk – Billig und/oder schön?

Die Halle ist als Holzkonstruktion ausgeführt und greift dabei wesentlich und sichtbar auf das billigste und eigentlich unedelste Verbindungsmittel im Holzbau zurück, auf die verzinkte Nagelplatte und auf die damit möglichen Binder- und Wandsysteme – eine eigentlich geniale Erfindung. John Calvin Jureit tüftelte zur gleichen Zeit an ihr, als man in Haiming mit der Siliziumproduktion begann, und erhielt schließlich 1956 sein erstes Patent und in der Folge viele weitere. Rechnerisch schwächen sie im Gegensatz zu eigentlich allen anderen (Stahl-)Verbindungen im Holzbau den Querschnitt der Stäbe nicht – neben der einfachen Verarbeitung und schnellen Bauzeit ist das ein Grund für ihre Effizienz.

Die Hauptabmessungen der Halle betragen ca. 44,8 Meter x 25,6 Meter und eignen sich hervorragend für die wirtschaftliche Bauweise mit Nagelplattendachbindern (Dachneigung 15°), deren freie Spannweiten gut bis 30 Meter einsetzbar sind. Der Firstpunkt liegt auf +10,65 Metern, der fertige Hallenboden bei -1,00 Meter. An der Südseite offenbart die Halle ihr Wesen als pragmatische Hybridkonstruktion – hier werden eingespannte Stahlbetonstützen im Raster von 4,90 Meter und darauf ein Stahlbetonbalken bis Oberkante +3,15 Meter angeordnet (Bilder 7 bis 9). Auf dem Randbalken sind auskragende Stahlstützen vorgesehen, die die Hallenkonstruktion in Querrichtung aussteifen.

Diese Stahlstützen sind aber zugunsten der Raumwirkung in Holzoptik verkleidet, so dass die Innenerscheinung der Halle durch eine andere Materialität nicht gestört wird. In Längsrichtung ist die Halle durch die Wandscheiben ausgesteift.

Die Giebelwände werden an den ausgesteiften Dächern der Anbauten angeschlossen. An der Westseite des Hallenraumes schließt sich ein Gebäudetrakt in Holzständerbauweise an, in dem die Sportgeräte gelagert werden. Die Oberkante des Pultdaches im Anschlussbereich liegt bei +3,60 Meter. Die Wände sowie das Dach des Anbaus werden als Scheiben ausgebildet, so dass die westliche Turnhallenwand über den Anbau ausgesteift wird. Auf der Ostseite werden analog in einem 8,80 Meter breiten Anbau Räume für die Umkleide- und Sanitärräume im Erdgeschoss und die Technik im Dachgeschoss untergebracht. Dieser Trakt ist in Massivbauweise errichtet. Das Pultdach schließt auf einer Höhe von ca. +5,60 Meter an die östliche Hallenwand an. Die Mauerwerkswände des Obergeschosses werden durch Ringanker, das Erdgeschoss durch eine ausreichende Anzahl an Längs- und Querwänden in Verbindung mit der Deckenscheibe ausgesteift. Zwischen neuer und alter Turnhalle entsteht ein ca. 5,50 Meter breiter Flachbau für weitere Sanitär- und Funktionsräume. Er ist als eingeschossiger Massivbau errichtet und mit den eingespannten Stahlbetonstützen und dem auf ihn lagernden Stahlbetonbalken kurzgeschlossen.

5

7

6

8

Die Turnhalle und die seitlichen Anbauten werden auf einer gemeinsamen, elastisch gebetteten Bodenplatte (auf Dämmung und Sauberkeitsschicht) gegründet. Im mittleren Bereich der Halle ist die Bodenplatte nicht tragend und konstruktiv ausgeführt. In der Achse der Stahlbetonstützen ist ein Streifenfundament angeordnet, das über Zentrierbalken ausgesteift wird (Bild 10).

Die Nagelplattenkonstruktion, die bewusst pragmatisch, aber auch freudvoll wegen ihres wirtschaftlichen und gleichzeitig auch ästhetischen Potenzials gewählt wurde, ist an manchen Stellen mit Blick auf die architektonischen Belange optimiert und forciert. Aus diesem Grund verzichtete man auf sichtbare Horizontalverbände in Ebene der Dachhaut. Kompensatorisch wurde hier mit einer deutlich dickeren Dachschalung aus Dreischichtplatten in Kombination mit obenseitigen Windrispenbändern gearbeitet, so dass eine aussteifende Dachscheibe entsteht. In der Tragwerksplanung wurden vom Entwurf bis zur Ausführung die architektonischen Belange in enger Abstimmung mit der Tragwerksplanung berücksichtigt, so dass die Gesamterscheinung der Turnhalle nicht gestört wird.

Zum Brandschutz – Preistreiber oder Türöffner?

Während der Planung an der Halle kam es – wie gelegentlich bei öffentlichen Bauvorhaben – zu der bei allen Bauherrn und Planern gefürchteten Schlagzeile in der Lokalpresse „Brandschutz sorgt für Mehrkosten." Was war passiert?

Die Lokalpresse zitierte aus der Beschlussvorlage des Gemeinderats: „Um nicht eine der beiden Wände der Verbindung zwischen alter und neuer Halle als komplette Brandschutzwand bauen zu müssen, müsste der Abstand zwischen den beiden Hallen fünf statt bislang drei Meter betragen." Die Option, die einfacher und günstiger als die Ausführung einer Brandwand über die gesamte Hallenhöhe mit allen möglichen bzw. unmöglichen Konsequenzen für den Holzbau war, wurde gezogen und damit mehr nutzbare Fläche für den Verein geschaffen.

Die Mehrkostenformel lautete damit immerhin: Mehr Raum für mehr Geld und nicht mehr Geld für nicht sichtbaren und nicht „nutzbaren" Brandschutz. Die intensive Nutzung des in diesem Bereich nun möglich gewordenen Fitnessraumes beweist die Praktikabilität des Vorgehens. Es wurde hier exemplarisch ein Weg eingeschlagen, der dem gesamten Brandschutzkonzept zugrunde liegt – den notwendigen Anforderungen an den Brandschutz sehr spezifisch und mit so wenig Technik wie möglich zu begegnen.

Konkret erfolgt die natürlich trotzdem notwendige Brandabschnittstrennung über den Zwischenbau, jedoch ohne eine Brandwand bis zum Dach auszubilden.

5 Einblick in die Halle innen während der Bauphase
6 Die ausgeklügelte offene Deckenkonstruktion
7 Die seitlichen Stahlbetonstützen und der aufliegende Stahlbetonbalken
8 Auskragende Stahlstützen

Seite 69:
9 Von innen bleibt trotz der Offenheit nicht viel von der Konstruktion zu sehen.
10 Bewehrungsdetail Stutzen

9

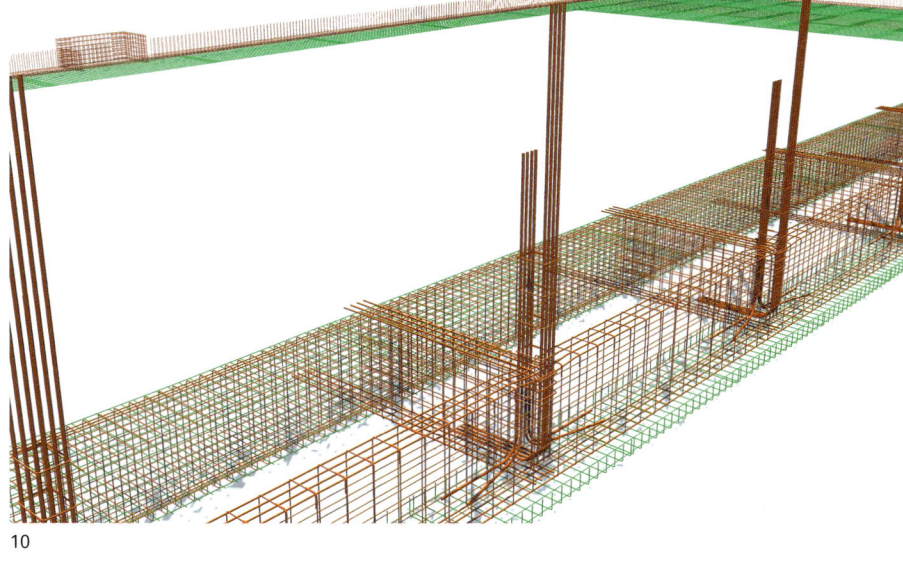

10

Die Holzbaukonstruktion in ihrer filigranen Form ist nur über Abweichungen möglich, da die verzinkte Nagelplatte im Brandfall ein ungünstiges Verhalten aufweist. Aufgrund der Dachkonstruktion ohne klassifizierten Feuerwiderstand ist eine Aussteifung der nördlichen Hallenstützen im Brandfall nicht gegeben. Sie wurden daher lediglich in „feuerhemmender Bauart" errichtet. Da die Stützen der Südfassade über die Brandabschnittstrennung des Zwischenbaus hinausragen, werden diese feuerhemmend im unteren Gebäudeteil in Stahlbetonbauweise und im oberen Gebäudeteil über eingespannte beschichtete Stahlstützen ausgeführt. Eine Aussteifung der Holzstützen der östlichen Giebelseite ist über den angrenzenden Kopfbau Ost, dessen tragende und aussteifende Bauteile feuerhemmend ausgebildet werden, möglich. Der westliche Anbau ist in Holzständerbauweise errichtet. Die Wände dieses Anbaus werden aus statischer Sicht als aussteifende Scheiben ausgebildet, so dass die westliche Turnhallenwand über den Anbau ausgesteift wird. Die verwendeten Holzquerschnitte (Träger, Stützen, Sparren) sind für eine „feuerhemmende Bauart" nachgewiesen. Die Verbindungsmittel der Holzstützen, Holzträger und Dachsparren sind vor einer Brandbeanspruchung geschützt. Die Aussteifung des Anbaus erfolgt jedoch über außenseitig auf die Wände und das Dach angebrachte Mehrschichtplatten (Stärke ca. 30 Millimeter, Nachweis einer klassifizierten Feuerwiderstandsdauer nicht möglich), weshalb die Aussteifung dieses untergeordneten Gebäudeteils ebenfalls nicht der geforderten Feuerwiderstandsklasse genügt. Die vorliegenden Abweichungen wurden jedoch nicht mit kostspieligen Kompensationsmaßnahmen in Form von Anlagentechnik (z. B. Brandmeldeanlage) erkauft, sondern sie wurden durch eine solide und spezifische Betrachtung von kritischen Brandszenarien, Möglichkeiten der Brandbekämpfung und der Rettungswegsituation ermöglicht

Das Zusammenspiel bis zur Vollendung

Das sehr offene, kooperative und lösungsorientierte Zusammenspiel von Bauherr, Hochbauplanung, Tragwerksplanung und Brandschutz – die beiden letzteren „aus einer Hand" – ermöglicht die Übersetzung und gleichzeitige Sichtbarkeit der Nagelplattensysteme auf solch ein Bauwerk wie eine Sporthalle.

Das Bauwerk wurde bereits mit dem Deutschen Holzbaupreis ausgezeichnet. Dieser würdigte insbesondere, wie die Arbeitsgemeinschaft von Architekten und Ingenieuren aus sparsamen Mitteln eine markante Architektursprache entwickelte, die in ihrer Klarheit einer vorgefertigten, kostengünstigen Konstruktion aus Holzbauelementen eine neuartige ästhetische Qualität verleiht.

Florian Fischer, Harald Fuchshuber, Sven Schäfer, Markus Speckbacher

OBJEKT
2,5-Feld-Sporthalle mit Verbindung zur alten Schulturnhalle
STANDORT
Haiming, Landkreis Altötting
BAUZEIT
2013–2016
BAUHERR
SV Haiming, mit Förderung durch die Gemeinde Haiming
INGENIEURE + ARCHITEKTEN
Entwurf: ARGE Almannai Fischer Architekten, München und Ingenieurbüro Harald Fuchshuber, Altötting (Florian Fischer und Harald Fuchshuber)
Tragwerksplanung: HSB Ingenieure GmbH, Mehring (Nikolaus Brandstetter und Markus Speckbacher)
Brandschutzplanung: HSB Ingenieure GmbH, Mehring (Sven Schäfer)

EIN HIMMEL AUS GLAS – DIE FILIGRANE FREIFORM-GITTERSCHALE ÜBER DEM EINKAUFSZENTRUM CHADSTONE IN MELBOURNE

1

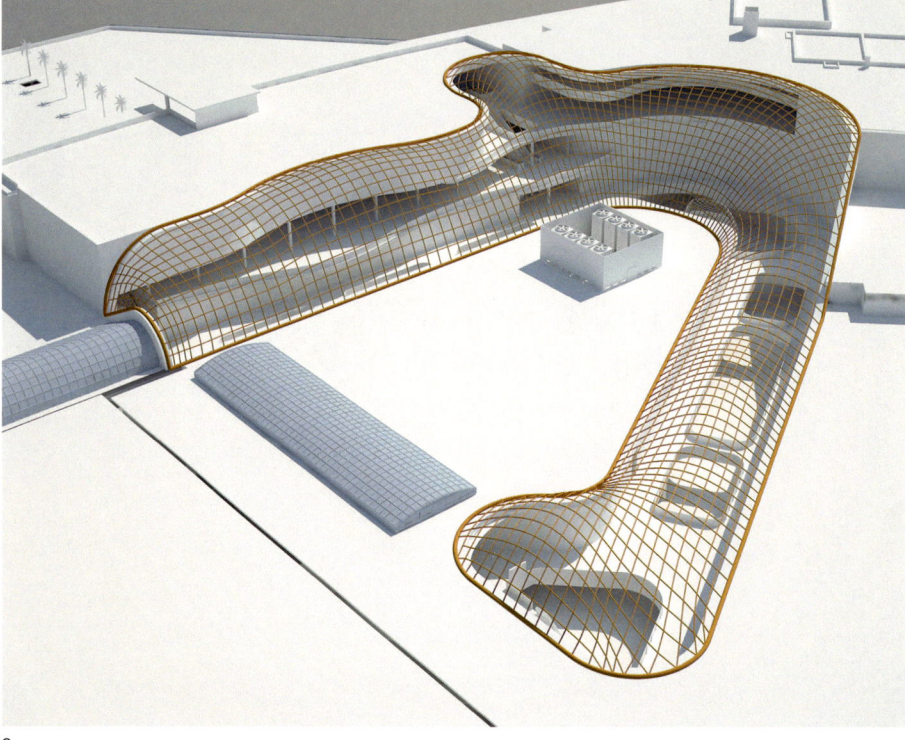

2

1 Chadstone Shopping Centre von oben
2 Räumliche Darstellung der Gitterschale mit Teilbereichen

Eine geometrisch hochkomplexe Stahl-Glas-Gitterschalenkonstruktion wölbt sich über der Erweiterung des Chadstone Shopping Centre in Melbourne/Australien. Über die filigrane Stahl-Glas-Konstruktion werden die weitläufigen galerieartigen Einkaufsflächen mit Tageslicht in beeindruckender Qualität versorgt. Eleganz und Transparenz des gläsernen Daches bestimmen in hohem Maße das innenräumliche Erscheinungsbild und leisten einen bedeutsamen Beitrag zur funktionalen und architektonischen Qualität des Gebäudes.

Das Chadstone Shopping Centre mit über 500 Geschäften und Boutiquen und ca. 20 Mio. Besuchern pro Jahr befindet sich in Malvern East, einem Stadtteil der Metropole Melbourne, etwa 20 Kilometer südöstlich des Stadtzentrums und gilt als größtes und renommiertestes Einkaufszentrum Australiens.

Der architektonische und ingenieurtechnische Höhepunkt einer Erweiterung des Einkaufszentrums um mehrere tausend Quadratmeter ist der Neubau einer geometrisch frei geformten Stahl-Glas-Überdachung mit einer Gesamtfläche von 7.080 Quadratmetern über einem bis zu viergeschossigen Einkaufsbereich mit näherungsweise U-förmigem Grundriss. Sie bildet einen extrem transparenten Raumabschluss für das innen liegende Atrium.

Die Objektplanung der Erweiterung erfolgte durch CallisonRTKL, London/UK und The Buchan Group, Melbourne/Australien. Der Tragwerksentwurf einschließlich Formfindung ist durch Atelier One, London/UK erarbeitet worden. Mit der Ausführung wurde die auf höchst anspruchsvolle Stahl-, Glas- und Ganzglaskonstruktionen spezialisierte se-austria GmbH & Co. KG, ein Unternehmen der seele Unternehmenensgruppe, beauftragt. Engelsmann Peters Beratende Ingenieure, Stuttgart/ Graz erhielten von seele den Auftrag für die tragwerksplanerische Unterstützung des Projektes in den Leistungsphasen Genehmigungsplanung und Ausführungsplanung, die in der Folge gemeinsam in einer sehr engen und kooperativen Zusammenarbeit ausgearbeitet wurde und in diesem Beitrag beschrieben wird. Die Realisierung dieses herausfordernden Projektes inklusive Geometrieplanung, Werkstattplanung, Logistikplanung, Fertigung und Montage erfolgte vollständig durch seele.

Eines der weltweit größten Schalendächer mit Kuppeln und Trichtern

Das insgesamt 140 Meter lange Schalendach, eine der größten Gitterschalen weltweit, kann in Regelbereiche, kuppelartige Aufweitungen und einen zentralen trichterförmigen Abschnitt unterteilt werden. Die beiden Regelbereiche sind bei tonnenförmigem Querschnitt überwiegend einachsig gekrümmt, wobei der innen liegende Auflagerrand teilweise eine deutlich tiefere Höhenlage

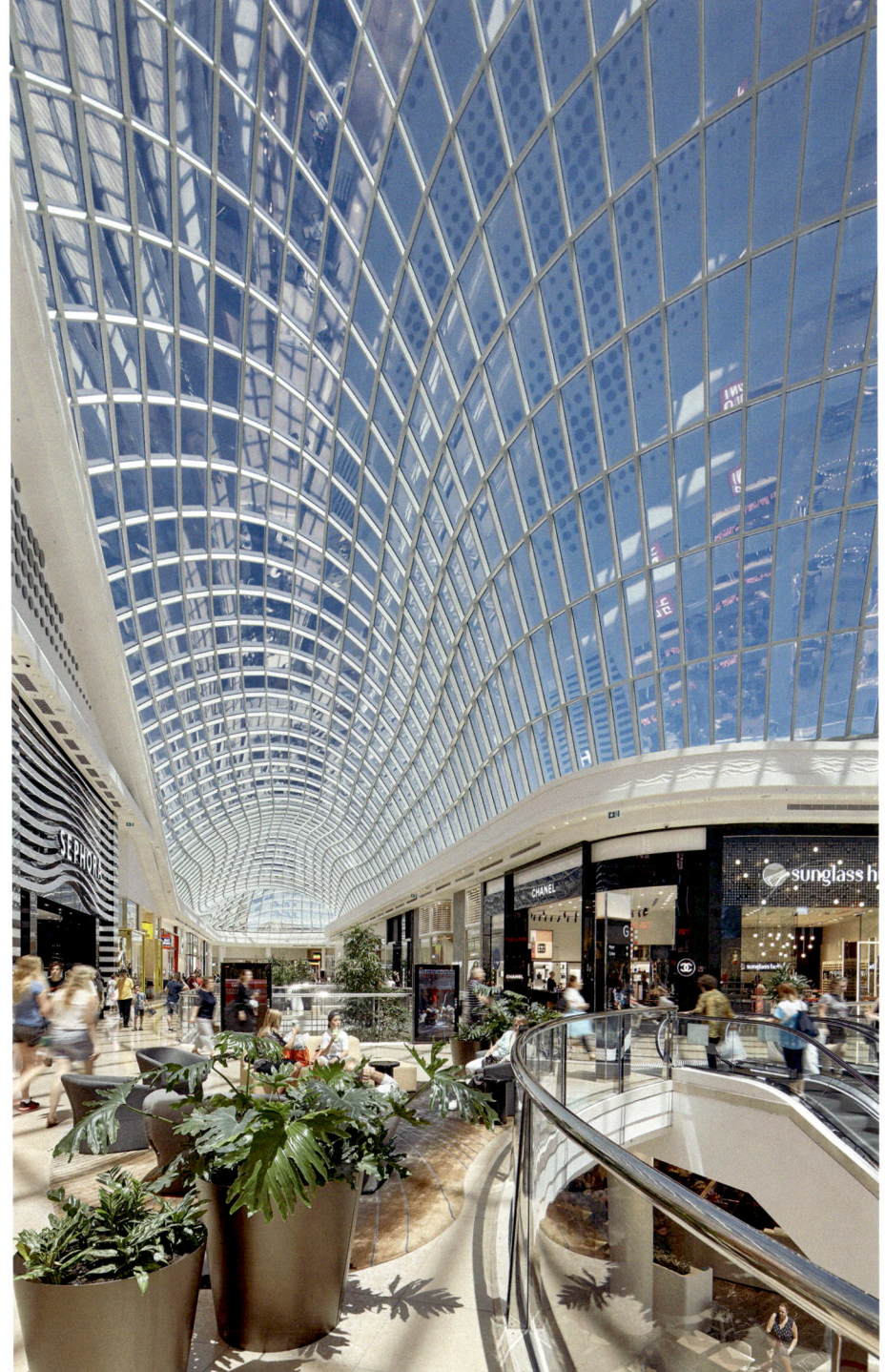

4

5

hat im Vergleich zum äußeren Auflagerrand. Die beiden Aufweitungen sind zweiachsig gekrümmt mit positiver Gaußscher Krümmung und entsprechen den klassischen Formen einer Gitterschale. Der zentrale trichterförmige Bereich ist zweiachsig gekrümmt mit negativer Gaußscher Krümmung und in diesem Bereich befinden sich die größten Höhenunterschiede zwischen den Auflagerrändern.

Die Randglieder der Gitterschale liegen auf der Primärstruktur des Gebäudes, einer Konstruktion aus Stahl, Stahlbeton und Stahlverbundbauteilen, auf. Die maximalen Spannweiten betragen bis zu 34 Meter, die maximale Höhe 17,5 Meter.

Die Netzstruktur der Gitterschale besteht aus 2.672 viereckigen Maschen mit unterschiedlichen Flächen von 1,2 bis zu 8 Quadratmetern, die mit Isolierglasscheiben geschlossen sind. Das Stabwerk der Gitterschale ist als Rahmenkuppel ausgebildet und besteht aus 5.186 Stäben. Die insgesamt 2.810 geometrisch unterschiedlichen Stahlknoten sind ausnahmslos biegesteif ausgebildet, denn das Tragwerk einer Gitterschale mit viereckigen Maschen ist sowohl in Schalenebene als auch normal zur Schalenebene auf biegesteife Verbindungen in den Stabknoten angewiesen. Der in Grundriss und Aufriss gekrümmte Rand der Gitterschale wird durch einen umlaufenden, räumlich verwundenen Randträger aus Stahl eingefasst.

3–5 Das gläserne Dach sorgt für lichtdurchflutete Innenräume.

Die filigrane Freiform-Gitterschale über dem Einkaufszentrum Chadstone in Melbourne

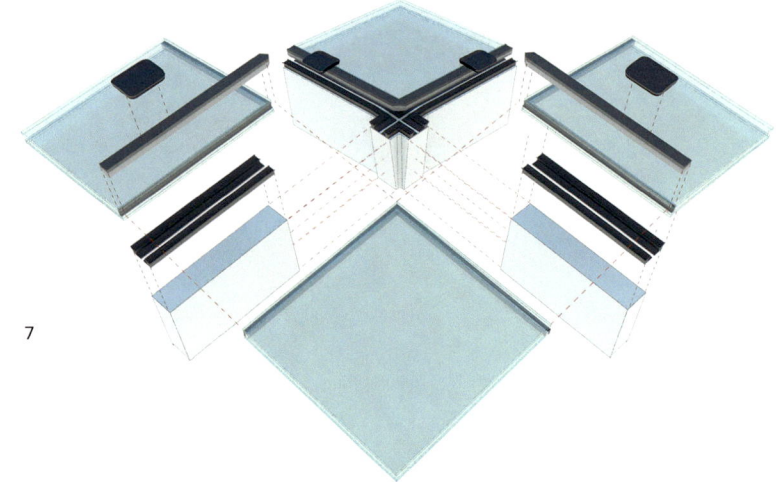

6 Perspektivischer Schnitt im zentralen trichterförmigen Bereich

7 Detail Knotenpunkt mit Verglasung

105.000 Einzelteile – aber keine zwei gleichen Knoten

Die Konstruktion der Gitterschale, ein Stab-Knoten-System, besteht aus mehr als 105.000 Einzelteilen. Für die Stäbe gelangten geschweißte Rechteckhohlprofile der Stahlfestigkeitsklasse S355 mit den Abmessungen 82 Millimeter x 220 Millimeter zum Einsatz. Es wurden vier Profiltypen unterschieden, um eine wirtschaftlich sinnvolle Abstufung der Blechdicken zu erreichen. Die Entscheidung über den Profiltyp erfolgte im Rahmen der Tragwerksoptimierung.

Die Knoten der Gitterstruktur sind alle geometrisch unterschiedlich, kein Knoten kommt zweimal vor. Sie wurden ohne Ausnahme als Frästeile in der Stahlfestigkeitsklasse S355 ausgebildet. Diese Form der Knotenausbildung ermöglichte es, Winkeländerungen und Stabverdrehungen mit großer Präzision und Passgenauigkeit auszugleichen und gleichzeitig gestalterisch hochwertige Stabübergänge zu erreichen.

Die Verbindungen der Stäbe mit den Knoten sind, soweit möglich, aus Gründen der Transportlogistik und Montage geschraubt ausgebildet. Geschraubte Verbindungen erlauben eine erhebliche Reduzierung der Montagezeiten. Die Schraubverbindungen wurden mit Schrauben M 16 beziehungsweise M 20 der Festigkeitsklasse 10.9 ausgeführt. Der Anschluss erfolgte in beiden Richtungen biegesteif durch profilmittig übereinander angeordnete Schrauben. Maßgebendes Kriterium für die Entscheidung über die Art der Detailausbildung war die Beanspruchung. Nach der Tragwerksoptimierung konnten insgesamt 88 % aller Stab-Knoten-Verbindungen geschraubt ausgeführt werden. Die verbleibenden Knotenpunkte wurden geschweißt ausgeführt, die Schweißarbeiten erfolgten im Rahmen der Montagevorbereitung.

Der Randträger der Schale besteht aus einem Rundrohrprofil, das in Grundriss und Aufriss gekrümmt ist und in regelmäßigen Abständen über in beide Richtungen biegesteife Schraubverbindungen gestoßen ist. Im Bereich des Übergangs zum Bestandsbauwerk, in dem ein direktes Auflegen des Gitterschalenrandes nicht möglich war, ist der Randträger in Form eines geschweißten Fachwerkträgers ausgebildet.

Die maßgeblichen Kriterien für die Entwicklung des Lagerungskonzeptes der Gitterschale waren vor allem die Begrenzung von Zwangsbeanspruchungen aus Temperatur und Auflagersenkungen, die Begrenzung der rechnerischen Verformungen sowie die Begrenzung der Horizontalschubkräfte der Schalenkonstruktion. Das aus umfangreichen statisch-konstruktiven Überlegungen und vergleichenden Untersuchungen entwickelte, im Ergebnis sehr differenzierte Lagerungskonzept sieht eine leicht aufgeständerte punktuelle Lagerung des Randträgers in Abständen von 2,9 Metern bis max. 7,5 Meter

8

9

vor. Über die gelenkig ausgebildeten Auflagerpunkte mit unterschiedlichen Freiheitsgraden werden die Einwirkungen aus der Gitterschale in den Stahlbau der Primärstruktur des Gebäudes eingetragen.

Komplexe Interaktion zwischen Gitterschale und Unterkonstruktion

Nach der von seele durchgeführten, sehr anspruchsvollen Weiterentwicklung der 3D-Geometrie wurden die Nachweise der Tragsicherheit und der Gebrauchstauglichkeit nach gültigen nationalen und lokalen Normen und dem Stand der Technik durchgeführt. Neben Eigengewichts- und Ausbaulasten, Windlasten gemäß Windlastgutachten sowie Temperatureinwirkungen mussten Erdbebenlasten berücksichtigt werden. Schneelasten waren nicht zu berücksichtigen.

Von entscheidender Bedeutung für die Schnittgrößen- und Spannungsermittlung in der Gitterschale war eine realistische Berücksichtigung der Nachgiebigkeiten der Auflagerpunkte sowie der Knotenpunkte. Die aus den Wechselwirkungen zwischen Gitterschale und Rohbau resultierenden Federsteifigkeiten der Auflager wurden in iterativen Bemessungsschritten ermittelt und in Form von Grenzwertbetrachtungen berücksichtigt.

Das Tragverhalten der Gitterschale von Chadstone kann im Vergleich mit konventionellen Stahl-Glas-Gitterschalen als verhältnismäßig weich beschrieben werden. Durch die großen Bereiche mit nahezu einachsiger Krümmung, teilweise geringen Stich-Spannweiten-Verhältnissen sowie notwendigen Kompromissen bei der Erzeugung einer schalengerechten Lagerung ergaben sich deutlich größere Verformungen als beispielsweise für rotationssymmetrische Schalengeometrien. Für die Bemessung der Gitterschale waren aus diesem Grund neben den Normalkraftbeanspruchungen vor allem auch die Biegebeanspruchungen von maßgeblicher Bedeutung. Besonders charakteristisch für die Gitterschale des Einkaufscenters Chadstone ist die sehr schlanke Ausführung der Profile in Querrichtung.

Die 2.672 überwiegend viereckigen Isolierglasscheiben haben unterschiedliche Abmessungen in ihren Kantenlängen. Der Glasaufbau – bestehend aus einem VSG aus 2 x 6 Millimeter TVG innenseitig sowie 10 Millimeter ESG außenseitig – wurde für alle Scheiben identisch gewählt, um geometrische Versprünge in der Außenfläche der Schale zu vermeiden. Für Druckbeanspruchungen sind die Glasscheiben linienförmig gelagert und für Windsogbeanspruchungen punktförmig gehalten.

Eine unvermeidbare Begleiterscheinung der Freiform-Geometrie ist der Umstand, dass die Glasfelder nicht eben sind. Um diese Herausforderung mit wirtschaftlich vertretbarem Aufwand zu lösen, gelangte das Prinzip des Montagebiegens zum Einsatz. Parametrische Unter-

8 Abschnittweise Montage auf Lehrgerüst
9 Der Himmel spiegelt sich in der gebogenen Verglasung.

10 Chadstone Shopping Centre bei Nacht

suchungen wurden durchgeführt, um den Bemessungsaufwand auf ein in der zur Verfügung stehenden Zeit realisierbares Maß zu reduzieren. Neben der Einhaltung der zulässigen Glasspannungen war beim Montagebiegen vor allem auch auf die Begrenzung der Silikondehnungen im Randverbund zu achten. Teil der Nachweise war auch die Untersuchung des Einflusses der Verformungen der Gitterschalenstruktur auf die Verformung der Isolierglasscheiben.

Ein Mock-up des Systems wurde von seele einem Funktionstest zur Wetterbeständigkeit unterzogen, in dem australische Wind- und Regenbedingungen und sogar die Hagelbeständigkeit in Form von Beschusstests mit Eisbällen simuliert wurden.

Von Europa nach Australien – Fertigung und Montage

Die Fertigung erfolgte in Einzelteilen, die von Europa nach Australien verschifft wurden. Die Vormontage zu Teilsegmenten erfolgte in einem überdachten Bereich in der Nähe der Baustelle. Die Teilsegmente wurden just in time zur Baustelle geliefert. Deren Geometrie war mit maximalen Abmessungen von ca. 18 Meter x 4,5 Meter so bemessen, dass sie noch auf der Straße transportiert werden konnten. Ein sehr knapp bemessener Terminplan in Kombination mit schnell wechselnden Wetterbedingungen und strengen lokalen Auflagen an die Arbeitsbedingungen für die Montage erforderte ein hochpräzises, gleichzeitig flexibles Logistikkonzept. Die Montage erfolgte abschnittsweise, so dass eine komplette Einrüstung der Struktur vermieden werden konnte.

Die Gesamtmontagedauer betrug lediglich neun Monate; seele konnte das Projekt termingerecht übergeben.

Die Freiform-Gitterschale von Chadstone in Melbourne demonstriert in eindrucksvoller Weise die Leistungsfähigkeit von weit gespannten Flächentragwerken. Die geometrische und statisch-konstruktive Komplexität der Stahl-Glas-Konstruktion stellte höchste Anforderungen an die Ingenieurkompetenz in Planung und Bauausführung. Durch den Einsatz innovativer digitaler Planungswerkzeuge und hochpräziser Fertigungstechniken ist es gelungen, das Einkaufszentrum mit einer ungewöhnlich filigranen und eleganten Konstruktion zu überdachen.

Stephan Engelsmann, Stefan Peters,
Christoph Dengler, Christian Fischer

OBJEKT
Stahl-Glas-Gitterschalenkonstruktion Chadstone Shopping Centre
STANDORT
Melbourne, Australien
BAUZEIT
2014–2016
BAUHERR
Gandel Group and Vicinity Centres (Australien)
INGENIEURE + ARCHITEKTEN
Objektplanung: CallisonRTKL Inc., London/UK in Koopertion mit The Buchan Group, Melbourne/Australien
Tragwerksplanung in den Leistungsphasen Vorentwurf und Entwurf: Atelier One, UK
Tragwerksplanung in den Leistungsphasen Genehmigungsplanung und Ausführungsplanung: Engelsmann Peters Beratende Ingenieure GmbH, Graz/Stuttgart
Geometrieplanung, Werkstattplanung, Projektmanagement, Fertigung und Ausführung: seele Unternehmensgruppe

WELTBEKANNTES BAUDENKMAL ERHÄLT NICHT NUR HÜBSCHES KLEID – NEUES PRORA AUF RÜGEN

Der konstruktive Eingriff in eine denkmalgeschützte Bausubstanz stellt auch für die Tragwerksplanung immer wieder eine besondere Herausforderung dar. Teilbereich „Block 1" der ehemaligen KdF-Anlage aus dem Dritten Reich machte da keine Ausnahme bei der Umgestaltung des Bestands in moderne Ferienwohnungen und ein Hotel. Der gesamte Trakt ist 450 Meter lang und von der Substanz her ein Stahlbetonskelettbau.

Historie

Die ersten Ideen für ein großes Seebad für die Bevölkerung entstanden in den 30er-Jahren des letzten Jahrhunderts. Es sollte 20.000 Menschen die Möglichkeit geben, sich am Strand von Prora zu erholen. Im Jahre 1937 wurde mit dem Bau begonnen, dieser wurde aber 1939 durch den Beginn des Zweiten Weltkrieges unterbrochen und erst danach wieder aufgenommen. Während des Krieges diente das Gebäude als Behelfsunterkunft für das Militär und wurde erst nach dem Kriegsende weiter- und ausgebaut. Danach wurde das Gebäude sowohl von der Volkspolizei als auch von der Nationalen Volksarmee genutzt.

Nach der Wende 1989 wurde das Gebäude vollständig unter Denkmalschutz gestellt und es wurden mit verschiedenen Investoren und Projektentwicklern unterschiedliche Konzepte diskutiert. Es dauerte aber bis in das Jahr 2005, bis die gesamte Anlage von einer militärischen in eine zivile Nutzung umgewidmet war. In Block 5 wurde 2011 eine Jugendherberge in Betrieb genommen, während Block 1 von der Unternehmensgruppe IRISGERD erworben wurde und zu dem hier beschriebenen Projekt entwickelt wurde.

Neues Prora

Für alle Projektbeteiligten war es eine große Herausforderung, die Anforderungen des Denkmalschutzes mit denen eines modernen Komforts zu kombinieren. Auf der Seeseite bekommt jede Wohneinheit einen eigenen

1 Der „Koloss von Prora" vor der Sanierung. Die graublau hervorstechenden Teile sind die Liegehäuser.
2 In der Mitte: Neubau Liegehaus mit Vollgeschossen und Ausblick aufs Meer
3 Grundriss der Gebäudeteile

4

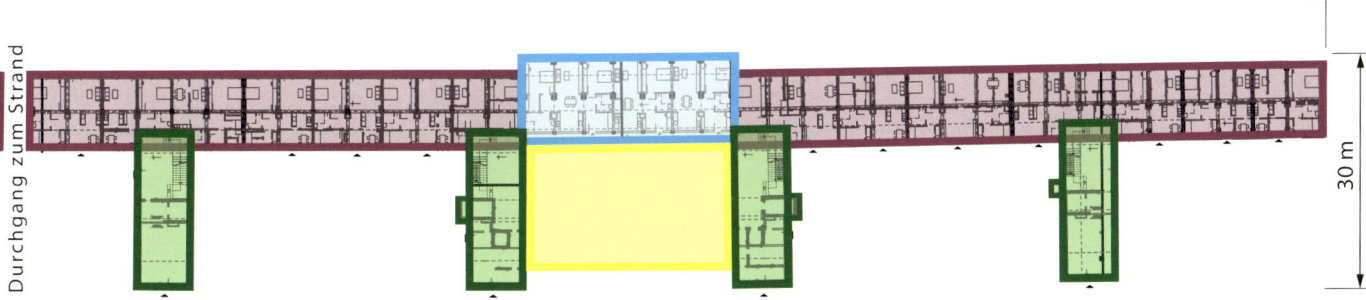

Balkon mit Blick auf das Meer und innen wird das Gebäude bautechnisch vollkommen saniert, beispielsweise Energie- und Wasserversorgung, eine moderne Kommunikationstechnik und vieles mehr. Das neue Nutzungskonzept beinhaltet zur Hälfte eigene Apartments und zur anderen Hälfte ein Hotel.

Bautechnische Herausforderungen

Überblick
Trotz des Denkmalschutzes mussten alle Sanierungsarbeiten selbstverständlich unter Beachtung aller gültigen Normen und Richtlinien erfolgen. Neben der Standsicherheit betraf dies insbesondere den Wärme- und Schallschutz. Bevor mit den umfangreichen Sanierungsmaßnahmen begonnen werden konnte, erfolgt eine Entkernung des Bestandsgebäudes unter Beachtung der Lokal- sowie Gesamttragfähigkeit des Bauwerks. Weiterhin waren einige Gebäude(-teile) wie die Liegehäuser, die Decken der Kopfbauten und die Dachterrassen, von Abbrucharbeiten betroffen. Der Begriff der Liegehäuser rührt daher, dass diese nur der liegenden Erholung dienen sollten, so dass in diesem Bereich die erforderlichen Mindestraumhöhen nicht erreicht werden konnten.

Alle unterirdischen Neubauten wurden – unter Berücksichtigung unterschiedlicher Setzungen – in WU-Qualität und wasserdichter Abdichtung zum Bestand realisiert.

Zwischen den vorhandenen Treppenhauskopfbauten entstanden drei Neubauten für Empfangs- und Wellnessbereiche. Jede Wohnung erhielt raumhohe, seeseitige Fenster sowie mindestens einen neu vorgehängten Balkon und gegebenenfalls eine Dachterrasse.

Die Deckendurchbrüche wurden mithilfe von CFK-Lamellen unter Berücksichtigung des erforderlichen Brandschutzes ertüchtigt. Zusätzliche Baumaßnahmen umfassen die Neuplanung von zwei Parkhäusern und die eines Blockheizkraftwerks für den gesamten Komplex.

4 Luftaufnahme des Komplexes „Block 1"

5

6

7

82 Ingenieurbaukunst 2019

Seite 82:
5 Der Neubau eines Liegehauses
6 Sanierung der Stahlbetonstützen nach Entkernung
7 Neubau Liegehaus von innen

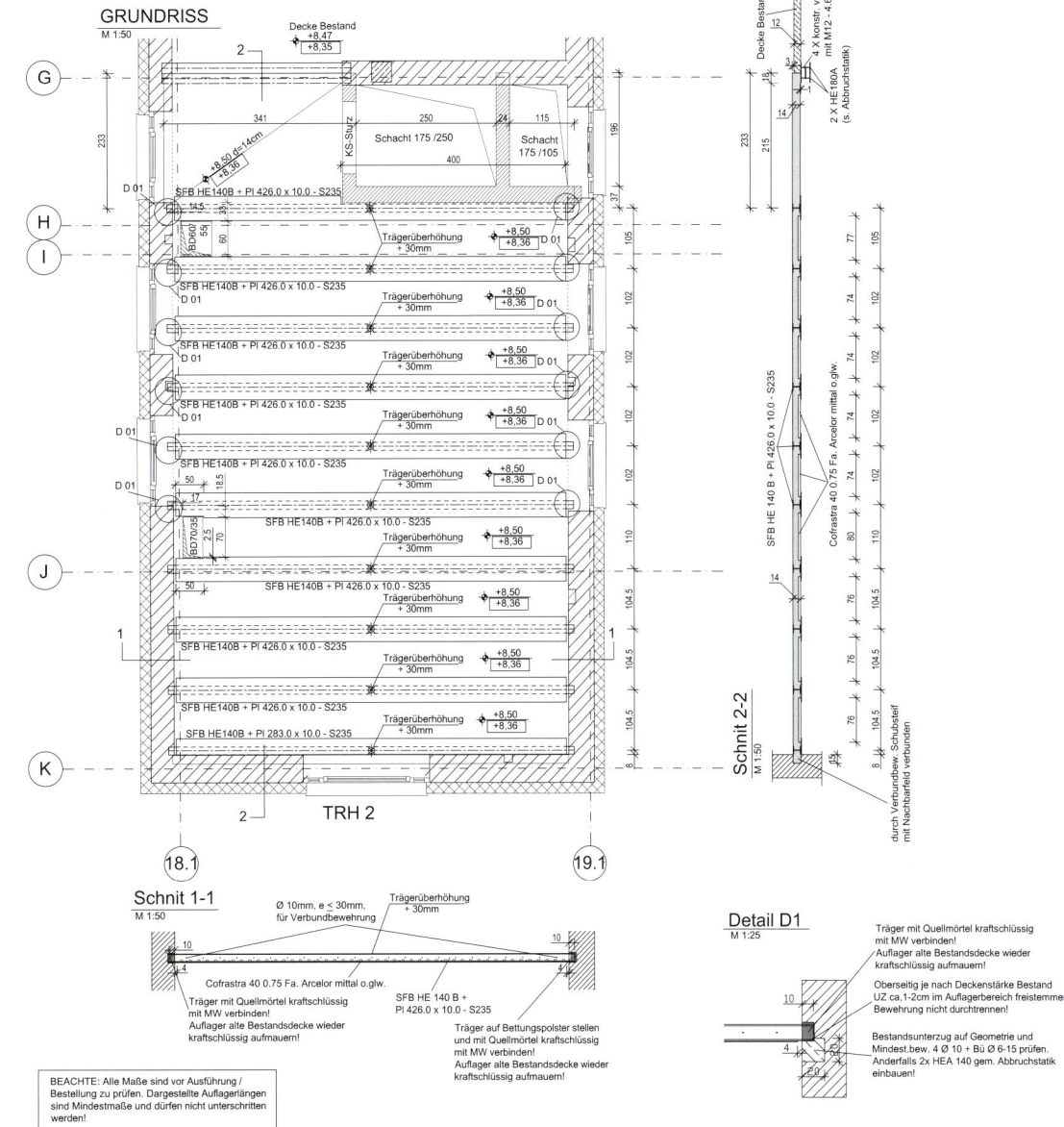

8

8 Ausführungsplan der Slim-floor-Decken
9 Immenser Höhengewinn durch die neuen Slim-floor-Decken

10

Abbruch und Entkernung

Im Bereich der Regelhäuser wurde eine größtmögliche Entkernung des Bestandsgebäudes gefordert. Aus statisch-konstruktiver Sicht war hier zum einen die Gewährleistung der temporären Standsicherheit während der verschiedenen Bauzustände zu planen und zum anderen natürlich auch die Gesamttragfähigkeit des Gebäudes für die zukünftige Nutzung sicherzustellen. Im Rahmen der Planung wurde daher ein umfangreicher Ablaufplan mit Nachweisen und Ausführungsanweisungen jedes einzelnen Bauteils erstellt.

Bei den Treppenhaustrakten bestand die Herausforderung darin, dass die lichten Mindestgeschosshöhen nicht mehr den aktuellen Ansprüchen gerecht wurden. Daher wurden hier alle Decken und Unterzüge, wieder unter Berücksichtigung der temporären Bauzustände, entfernt und später durch äußerst schlanke Slim-floor-Decken ersetzt.

Aufgrund fehlender lichter Mindestgeschosshöhe nach heutigen Ansprüchen und schlechtem Zustand der Bausubstanz erfolgte im Bereich der Liegehäuser ein Komplettabbruch bis Oberkante Kellergeschoss. Neben einem Konzept zur Abbruchreihenfolge, unter Beachtung minimaler Erschütterung der angrenzenden Bereiche, mussten Angaben zu den Messpunkten zur Kontrolle der Positionssicherheit der angrenzenden Bestandswände während des Abbruchs gemacht werden. Im Folgenden wurden dann die Errichtung des Neubaus ab Erdgeschoss, die Anbindung an den Bestand sowie zusätzliche Gründungen für die neuen Stützen im Kellergeschoss geplant und gebaut.

Betonsanierung

Für die Untersuchung des Bestandes und zur Einschätzung des aktuellen Zustandes des Tragwerks wurden umfangreiche, visuelle Aufnahmen aller Schädigungen an den tragenden Stahlbetonbauteilen wie Decken, Stützen, Unterzügen sowie Konsolen durchgeführt. In einem weiteren Schritt wurden die labortechnischen Untersuchungen, wie z. B. Karbonatisierungstiefe oder Ma-

10 Der neue Eingangsbereich mit Hotel-Lobby

Seite 85:
11 Der neue „Block 1" mit Balkonen und Dachterrassen

terialgütebestimmungen, begleitet. Mithilfe der Laborauswertungen konnten Resttragfähigkeiten bestimmt werden und Sanierungsangaben mit Ausführungshinweisen aller Bauteile erstellt werden.

Slim-floor-Decken

Wie vorab erwähnt, mussten im Bereich der Treppenhäuser die vorhanden Decken durch ein neues System ersetzt werden. Um hier äußerst schlanke neue Decken mit einer Konstruktionshöhe von nur 14 Zentimetern bei einer Spannweite von 7,30 Metern zu realisieren, wurde ein Slim-floor-System verwendet. Neben einer Schwingungsanalyse und der Erfüllung der statischen Anforderungen mussten auch hier die aktuellen Anforderungen an den Schall- und Brandschutz erfüllt werden.

Sonderabdichtungen

Eine weitere Herausforderung bestand im Anschluss der Neubaubereiche, die als „Weiße Wanne" ausgeführt wurden, mit den Bestandsgebäuden, die als „Schwarze Wanne" existent waren: Hier wurde eine Fugenklemmkonstruktion in Kombination mit einem außenseitig aufgebrachten Spezialabdichtungssystem ausgeführt, das auch die unterschiedlichen Setzungen der verschiedenen Gebäudeteile ausgleichen muss. In den Bereichen mit defekten Abdichtungen beim Bestandsgebäude wurden Acrylatgel-Injektionen eingebracht, um auch hier die Abdichtung zu garantieren.

Zusammenfassung

Bei diesem Projekt kamen nicht nur die verschiedenen architektonischen, tragwerksplanerischen, haustechnischen und auch ausführungstechnischen Herausforderungen, sondern auch der historische Kontext und die denkmalpflegerischen Aspekte zusammen. Zusammenfassend lässt sich sagen, dass durch eine enge und kooperative Zusammenarbeit aller Projektbeteiligten dies hervorragend gelöst und ein einzigartiges Projekt erschaffen wurde.

Patrick Teuffel, Benny Hillers

OBJEKT
Neues Prora
STANDORT
Rügen
BAUZEIT
2014–2018
BAUHERR
Wohnen in Prora, Vermögensverwaltungs GmbH & Co. KG
INGENIEURE + ARCHITEKTEN
Architekt:
Stuke Architekten GmbH, Berlin
Tragwerksplaner:
TEUFFEL ENGINEERING CONSULTANTS, Ingenieurgesellschaft mbH, Berlin

EINE EINLADENDE MATERIAL-MELANGE MIT SEHR VIEL TRANSPARENZ – DAS NEUE EMPFANGSGEBÄUDE DER HANSEMERKUR VERSICHERUNG AG IN HAMBURG

1

2

3

Ein neuer Vorbau auf einer Tiefgarage, der den Gebäudebestand aus sehr unterschiedlichen Epochen zu einer stimmigen Einheit verbindet, noch dazu ein ungewöhnlicher Materialmix mit hohen Ansprüchen an die Architektur – es galt viele Herausforderungen zu meistern bei dem Wettbewerb für den Bau des neuen Empfangsgebäudes der HanseMerkur Versicherung AG in Hamburg. Den Zuschlag für die Erstellung der Tragkonstruktion sowie der abschließenden Gebäudehülle erhielt die Buthmann Ingenieur-Stahlbau AG gemeinsam mit den „Querkopf Architekten". Ingenieurkunst in Entwurf und Planung Hand in Hand mit meisterhafter handwerklicher Umsetzung haben das Ergebnis ermöglicht: Stahl wurde in idealer Weise mit Kunststoff, Holz, Aluminium und Glas kombiniert.

Tragwerksplanung

Zunächst galt es, alle Randbedingungen, die statischen Voraussetzungen sowie die gestalterischen Ansprüche des Bauherrn und der Architekten abzustimmen. Das daraus resultierende Pflichtenheft ergab folgende Punkte, die Berücksichtigung finden mussten und den besonderen Schwierigkeitsgrad dieser Bauaufgabe in Planung und Bauausführung verdeutlichen:

1. Das neue Gebäude war auf einer Tiefgarage mit geringer zusätzlicher Deckentragfähigkeit zu gründen.
2. Der Gebäudebestand musste statisch eingebunden werden.
3. Es waren die unbedingte Erreichung der Visualisierung und Detailwünsche der Architekten anzustreben.
4. Die Kombination und Verbindung verschiedener Werkstoffe miteinander sollten Berücksichtigung finden.

Bei Tragwerksplanung und statischer Berechnung mussten die genannten Punkte von Anfang an hinsichtlich ihrer Durchführbarkeit beachtet werden. Besonders schwierig war es, die Verformungen des Gebäudes in den verschiedenen Ausbaustufen zu berücksichtigen. Für alle Schritte musste gleichzeitig sicher sein, dass es eine handwerklich ausführbare Lösung gibt.

Die statische Berechnung zog dann eine umfangreiche 3-D-Werkplanung des neuen Empfangsgebäudes mit Anbindung an den Bestand (Bild 1) und mit der Gründung des Stahltragwerkes auf der vorhandenen Tief-

1 Fachwerkkonstruktion zwischen den Bestandsgebäuden
2 Trägerrost zur Lastverteilung auf der Tiefgarage
3 Beginn der Montage der Dachkonstruktion

4 Vormontage des vorderen Schrägbeins mit der Dachfläche im Werk
5 Montage der BEMO-Systembleche

garage nach sich. Aufgrund der Abweichungen zwischen den theoretischen und den praktischen Verformungen, die sich jedoch erst im Laufe der Bauzeit klar herauskristallisierten, musste die Werkplanung während der Ausführung mehrfach in Details angepasst werden. Dies war besonders im Hinblick auf die geforderten Fugenverläufe, die lieferbaren Plattengrößen sowie die erforderliche Unterkonstruktion der HI-MACS®-Kunststoff-Fassadenplatten eine technische und handwerkliche Herausforderung höchsten Grades.

Herstellung und Montage

Zunächst wurden die Stahltragwerke als feuerverzinkte „Gründung" sowie die grundierte Fachwerkkonstruktion zur Anbindung an die Bestandsgebäude hergestellt und montiert (Bild 2). Dann wurden bauseitig die Abklebungen, Dämmungen und Abdichtungen im Bodenbereich angearbeitet, bevor die Fassadenstützen montiert werden konnten. Diese wurden aufgrund der gewünschten Scharfkantigkeit als geschweißte Hohlprofile aus Blechlamellen zusammengesetzt, verschweißt, verschliffen, mit dem RAICO-System versehen und dann aufgrund der erforderlichen geringen Toleranzen für die Verglasung mit den Großscheiben mehrfach gerichtet (Bild 3).

Um am Ende eine einheitliche und saubere Oberfläche mit durchgängiger Farbgebung – ohne Beschädigungen durch die Bautätigkeit – zu gewähren, wurden diese Pro-

file auch in grundierter Ausführung auf die „Gründung" montiert. Dies erfolgte zusammen mit den oberen und unteren Horizontalriegeln, die ebenfalls als Schweißprofile hergestellt wurden.

Während die Montage bereits lief, wurden die beiden Schrägbeine (Bild 4) im Werk hergerichtet und einmal komplett vormontiert, um die Passgenauigkeit am Bau in Verbindung mit der auskragenden Dachträgerkonstruktion sicherzustellen. Im Anschluss erfolgte dann die Feuerverzinkung für diese lediglich verkleideten, aber ungedämmten Stützen. Die Montage wurde dann in Verbindung mit den Trägern der Dachkonstruktion ausgeführt, die damit nun durch die Schrägbeine und die Fachwerkkonstruktion am Bestandsgebäude getragen wurden.

Um vor der Witterung geschützt zu sein, wurde das Objekt mit Gerüst und weißer Plane eingehaust. Die Stahl-Dachkonstruktion wurde mit Holzbalken ausgefacht und mit OSB-Platten belegt. Hierauf wurden dann mit einer Trennlage aus Vlies BEMO-Systembleche als wasserführende Schicht verlegt und verlötet (Bild 5). Dazu wurden Rinnen und Entwässerungsrohre montiert, in die die Dachbleche entwässern werden. Diese wurden so angeordnet, dass sie später von den HI-MACS-Platten weitestgehend verdeckt und damit praktisch „unsichtbar" sind.

6 Montage der rechten Ganzglasecke
7 Montage der HI-MACS-Platten
8 Die besondere Optik der größten „deutschen" Ganzglasecken ohne tragendes Eckprofil

Seite 91:
9 Das neue Entree in Frontalansicht

Glasfassade

Nun, wo das Gebäude von oben regendicht war, konnte auch die Glasfassade montiert werden. Dies war aufgrund des Dachüberstandes und der Scheibengröße von 1.250 Millimeter × 6.000 Millimeter eine montagetechnische Herausforderung, welche mit einem Spezial-Raupen-Kran und kräftigem Glassauger gelöst wurde (Bild 6). Die beiden Ganzglasecken, die jeweils aus zwei dieser großen Scheiben zusammengesetzt wurden, erforderten dabei höchste Genauigkeit und Präzision. Die Abdichtung und Verklebung der Ecken ließ nahezu keine Toleranz zu. Nach Aussage des Lieferanten handelt es sich um die größten bisher ausgeführten Ganzglasecken ohne tragendes Eckprofil in Deutschland.

Nach erfolgter Abdichtung, Versiegelung und Montage der Deckleisten konnte mit der Montage der Unterkonstruktion für die auf Luftabstand liegenden HI-MACS-Kunststoff-Platten begonnen werden (Bild 7). Hier galt es, bereits in der Unterkonstruktion höchste Genauigkeit zu gewährleisten, da ansonsten die Fluchten, Fugenlinien und Ansichten der im Anschluss verlegten großformatigen Kunststoffplatten nicht passen würden und der gewünschte optische Effekt nicht hätte erzielt werden können.

Parallel zu diesen Montagearbeiten wurde das optische Finish der sichtbaren, scharfkantigen Schweißprofile der Fassade nach kleineren Spachtelarbeiten mittels einer Lackierung in RAL 7016 durchgeführt.

Während der bauseitig laufenden Arbeiten vom Innenausbau – wie Luftschleieranlage, Elektrik, Fliesen- und Trockenbau – wurden auch die Außenanlagen gestaltet und die Pflasterarbeiten ausgeführt. Gleichzeitig wurden nun die große Glastür und die Drehkarusselltür montiert.

Das Projekt wurde für die technisch und handwerklich meisterhafte Ausführung mit dem 1. Platz in der Kategorie „Stahlkonstruktionen" des Deutschen Metallbaupreises 2017 ausgezeichnet.

Für die Erfüllung der vielfältigen technischen und gestalterischen Anforderungen hat sich Stahl als idealer Konstruktionswerkstoff erwiesen. Nur durch die Kombination aus dem Baustoff Stahl, dem Know-how der Ingenieure sowie der Handwerksleistung der erfahrenen Werkstatt- und Montagemitarbeiter war die Schaffung dieses gelungenen neuen Eingangsgebäudes möglich.

Marco Buthmann

OBJEKT
Neues Empfangsgebäude der HanseMerkur Versicherung AG
STANDORT
Nahe der Außenalster in Hamburg
BAUZEIT
2015–2016
BAUHERR
HanseMerkur Versicherungsgruppe, Hamburg
INGENIEURE + ARCHITEKTEN
Querkopf Architekten GmbH & Co. KG;
Weber Poll Ingenieure für Bauwesen;
Buthmann Ingenieur-Stahlbau AG;
SUF GmbH;
KLIMAhaus Klima und Gebäudetechnik GmbH
AUSFÜHRUNG
Buthmann Ingenieur-Stahlbau AG, Glinde;
Norbert Weniger Dach- und Fassadenbau, Twistringen;
Likoo Möbel in Form GmbH, Hamburg;
Boon Edam GmbH, Düsseldorf
AUSZEICHNUNGEN
Deutschen Metallbaupreis 2017, 1. Platz in der Kategorie „Stahlkonstruktionen"

10 Seitenansicht des neuen Gebäudes mit den Außenanlagen

Seite 93:
11 Realität gewordene Transparenz beim Eintritt ins neue Empfangsgebäude

KREATIVE INGENIEURKUNST IN NORWEGENS HAUPTSTADT – DIE NEUE DEICHMANSKE BIBLIOTEK

1

2

3

Der Neubau der Deichman Bibliothek ist eines der größten Projekte im baukulturellen Bereich, das die Stadt Oslo zurzeit im neuen Stadtviertel Bjørvika am Osloer Hafen durchführt. Der Neubau wird neben der Neuen Oper und dem Neubau des Munch Museums zu einer weiteren Landmarke in der norwegischen Hauptstadt und zeichnet sich zudem durch die hohen nachhaltigen Ambitionen der Bauschaffenden aus.

Seit 2014 wird in Oslo der Neubau für die Deichmanske Bibliothek gebaut. Der Entwurf der Architekten Lund Hagem und Atelier Oslo aus Oslo fällt durch seine gefaltete Dachstruktur in Beton auf. Des Weiteren iteriert die Fassade zwischen transparenten und transluzenten Bereichen. Die Bibliothek wird im Passivhausstandard errichtet.

Die Ingenieure von Bollinger + Grohmann in Frankfurt und Oslo haben maßgeblich zur Realisierung, speziell beim Tragwerk und der Fassade, beigetragen, welche beide konstruktiv eine große Herausforderung darstellten. Neben einem innovativen Tragwerkskonzept – unter anderem für das 18 Meter auskragende Betonfaltwerkdach – hat das Ingenieurbüro zusammen mit den Architekten auch ein neues Fassadenkonzept entwickelt, das aus GFK-Profilen mit dazwischen eingehängten Isolierglaselementen besteht und sich durch einen geringen U-Wert auszeichnet.

Über das Projekt

Der Neubau der Deichmanske Bibliotek befindet sich zentral im neuen Stadtteil Bjørvika zwischen dem Osloer Hauptbahnhof und der Osloer Oper. Mit der Fertigstellung der Bibliothek erhält die norwegische Hauptstadt ein städtisches Wahrzeichen mit hoher architektonischer Qualität sowie funktionell, ästhetisch und bautechnisch innovativen Lösungen. Das Gebäude soll auch insbesondere mit seinem nachhaltigen und klimafreundlichen Anspruch zukunftsweisend sein.

Die Architekten Lund Hagem Arkitekter und Atelier Oslo gingen im Frühjahr 2009 aus einem international ausgeschriebenen Architekturwettbewerb als Gewinner hervor. Das architektonische Hauptkonzept des Gebäudes besteht aus einem großen, zentralen, durchgehenden Bibliotheksraum, der sich auf den oberirdischen Etagen bis ganz nach oben erstreckt. Das Kino, das Auditorium sowie offene und geschlossene Magazine sind im Untergeschoss angesiedelt. Zusätzlich befinden sich im Gebäude eine Kantine, ein Restaurant und Büros.

Von allen drei Eingängen erstrecken sich diagonale Lichtschächte durch das Gebäude nach oben. Sie verbinden optisch die verschiedenen Geschosse und schaffen einen fließenden Übergang zum Außenraum. Insgesamt schafft der Bau ca. 13.900 Quadratmeter neue Nutzfläche.

1 Die Bibliothek befindet sich direkt neben der Neuen Oper von Oslo
2 Der große zentrale Bibliotheksraum öffnet sich zum Dach. Rendering aus der Wettbewerbsphase
3 Das Wechselspiel zwischen transparenten, transluzenten und geschlossenen Elementen sorgt für eine angenehme Arbeitsatmosphäre.

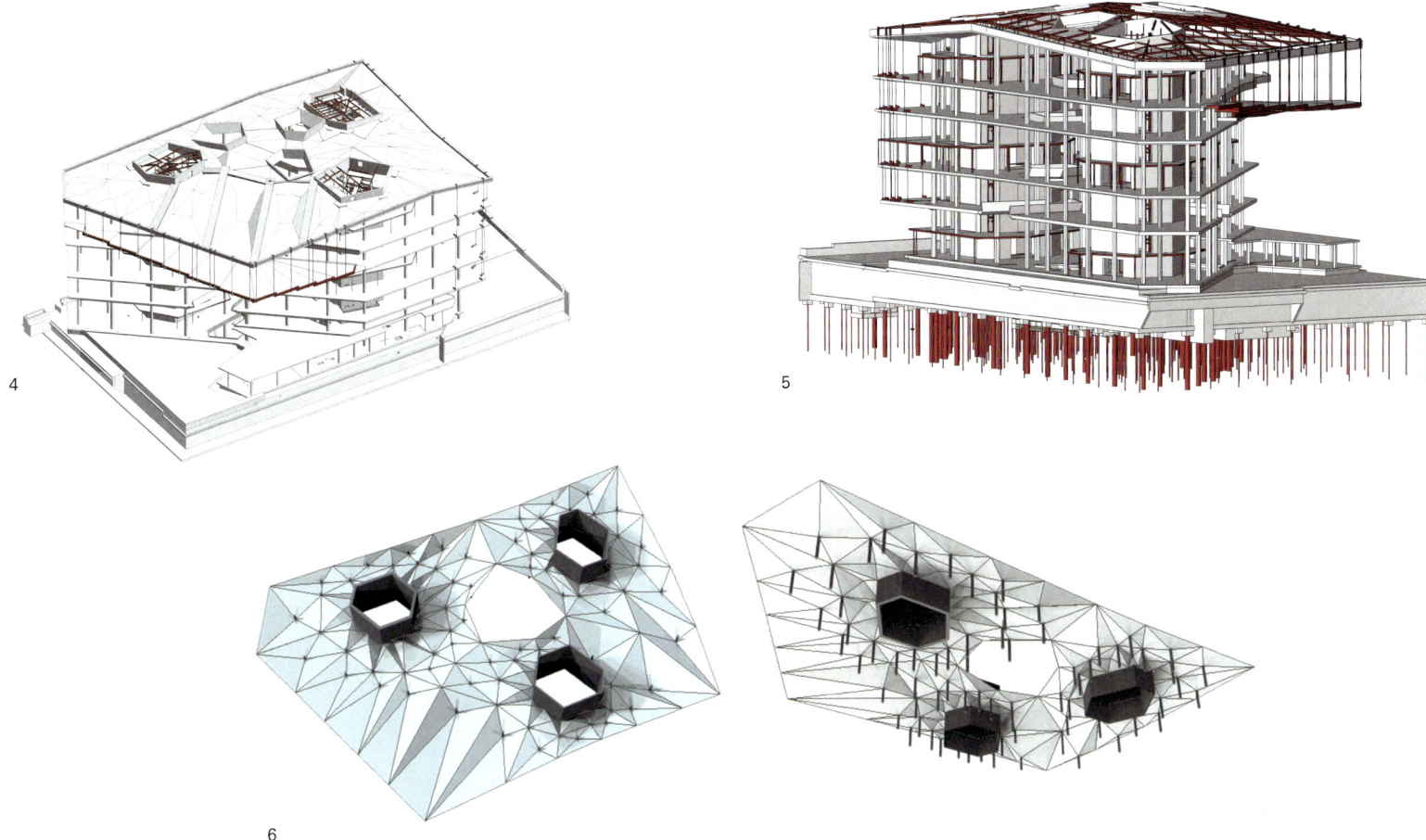

Die neue Bibliothek harmoniert architektonisch mit den Nachbargebäuden des Stadtteils Bjørvika, ganz besonders mit dem preisgekrönten Norwegischen Opernhaus. Teile der Gebäudegeometrie und der Dachkonstruktion erhielten ihre spezielle Form und innovative technische Lösungen, um die ungestörte Sichtlinie zwischen dem Opernhaus und der Umgebung des Osloer Hauptbahnhofs nicht zu versperren.

BIM-Planung

Wie bei allen öffentlichen Projekten in Norwegen mittlerweile üblich, war BIM ein zentraler Bestandteil des gesamten Projektes. Das BIM-Management wurde vom Projektsteuerer zusammen mit dem Generalplaner Technik Multiconsult vorgenommen, alle Planungsbeteiligten planten konsequent in 3D.

Bollinger + Grohmann entwickelte das Tragwerk in den frühen Phasen bereits als parametrisches Modell. Basierend auf dem ersten BIM-Architektenmodell wurde die Tragstruktur anschließend in einem eigenen BIM-Tragwerksmodell erstellt. Dieses Modell enthielt neben Geometrie und Dimensionen auch weiterführende Informationen wie Materialeigenschaften, Bewehrungsgehalte, Schalungsflächen etc.

Im Rahmen von interdisziplinären Workshops wurden die Modelle aller Planer dann in einem vorher vereinbarten Rhythmus auf Kollision überprüft und im Laufe des Planungsprozesses von der Entwurfsplanung bis zu den Ausführungsplänen gelöst. Jeder Fachplaner passte entsprechend den Änderungen im Anschluss sein BIM-Modell wieder an. Daneben konnten auch frühzeitig massengestützte Kostenschätzungen durchgeführt werden, welche parallel zum Planungsprozess immer wieder abgeglichen wurden.

Technische Lösungen

Faltdach

Insbesondere das Dachtragwerk erfuhr in der Planungsphase einige Iterationen. Nachdem zu Beginn ein Stahltragwerk favorisiert wurde, änderte sich dies im Laufe des Planungsprozesses hin zu einer massiven Ausführung. Prägendes Merkmal der Rohbaukonstruktion ist die gefaltete Betondachkonstruktion mit der darunterliegenden Rampe, die über Zugstäbe ins Dach gehängt wird. Die Rampe schwingt sich in Form einer großen Wendeltreppe von der vierten in die fünfte Etage und schwebt über dem Haupteingang der Bibliothek.

In enger Zusammenarbeit mit den Architekten wurde ein Tragwerkskonzept entwickelt, bei dem die Konstruktion und der Kräfteverlauf sichtbar sein sollten. Ausgehend von einer normalen 300 Millimeter dicken Flachdecke in Beton werden die einzelnen Abschnitte der

4 Die gefaltete Betondecke im 3D-Modell, die darunterliegende Rampe wird über Zugstäbe ins Dach gehängt.
5 BIM-Tragwerksmodell der Bibliothek
6 Die Geometrie des Daches in der Auf- und Untersicht: Nur jeweils im Tiefpunkt der Pyramiden sind Stützen notwendig.

7

8

9

Decke anhand der statischen Anforderungen gefaltet. Durch die Faltung entstehen unterschiedliche Pyramiden, bei denen nur im Tiefpunkt der Pyramide Stützen angeordnet sind. Lediglich im Bereich der großen, 18 Meter langen Auskragung über der Rampe bilden Stützen auch im Hochpunkt der Pyramiden ein Zugauflager.

Die Faltung der Decke und die damit erreichte höhere Steifigkeit der Konstruktion ermöglicht erst den stützenfreien, schwebenden Baukörper über dem Eingang sowie den stützenfreien Innenbereich in der Bibliothek. Um die hohen Zugkräfte in den vier Pyramiden bei der Auskragung beherrschen zu können, wurden die Zuggurte nachträglich ohne Verbund vorgespannt.

Die Spannkabel befinden sich in vier vorgespannten Balken, die auf der Oberseite des Faltdachs entlang der Zuggurte verlaufen. Die exzentrische Anordnung der Balken ergibt zudem eine Überhöhung der Konstruktion, die durch eine geometrische, linear verlaufende Überhöhung von 200 Millimetern in der äußersten Ecke ergänzt wird. Die Höhe der Vorspannung von ca. 10.000 Kilonewton je Balken wurde so bestimmt, dass sich nach Ausschalen der Decke trotz der hohen Auskragung von maximal 18 Metern keine Durchbiegung zeigt. Die geometrische Überhöhung kompensiert die Verformungen aus zusätzlichen Lasten wie Fassade und Nutzlasten sowie vor allem aus Langzeitverformungen des Betons.

Insgesamt besteht die Bewehrung aus weit über 10.000 Einzelpositionen. Speziell die Knotenpunkte in der Konstruktion, die Bewehrung zwischen den Einzelflächen des Faltwerks und die zwischen Druckstütze, Zugstütze und vorgespannten Balken bedurften einer sehr sorgfältigen Detailplanung, die in großen Teilen dreidimensional erfolgte.

Auch die Informationen zur Schalplanung waren bereits im BIM-Modell enthalten und wurden an die ausführende Firma übergeben. Insgesamt 526 geometrisch unterschiedliche Schalungselemente mit einer Fläche von 2.600 Quadratmetern wurden in einem entsprechenden 3D-Modell gestaltet und anschließend mit CNC-Fräsmaschinen ausgeschnitten.

Den Beweis für einen sinnvollen Einsatz einer umfänglichen 3D-Planung lieferte in diesem Fall insbesondere die zu planende Bewehrungsführung des gefalteten Dachs. Aufgrund der komplexen und unregelmäßigen Geometrie ergab sich eine Vielzahl an unterschiedlichen Bewehrungsstäben. Die Bewehrungsplanung musste konsequent dreidimensional erfolgen, um die Baubar-

7 Blick auf die auskragende Rampe im Rohbau
8 Der Rohbau der Bibliothek aus der Vogelperspektive während der Schalung der gefalteten Decke
9 Bewehrung des Daches

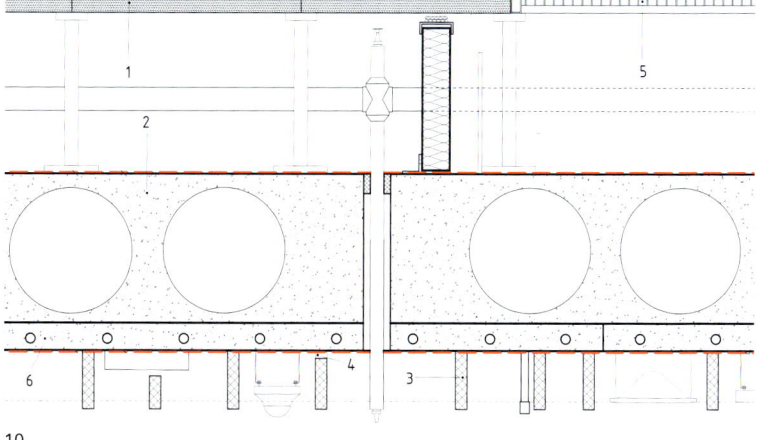

10 Prinzipschnitt durch die Hohlkörperdecke
Legende:
1 Installationsboden
2 Hohlkörperdecke
3 Schallschutzelemente
4 Aussparung
5 Betretbarer Gitterrost
6 Filigranplatte 70 mm

11 Untersicht des gefalteten Daches im ausgeschalten Zustand

keit sicherzustellen. Vorteil hierbei war vor allem, dass die Daten zu den Bewehrungsstäben digital direkt an den Biegebetrieb übergeben werden konnten. Ein auf dem Faltwerk aufgeständertes leichtes Stahldach mit einem gedämmten Trapezblech bildet die endgültige Dachhaut.

Biaxiale Hohlkörperdecken

Die diagonal durch das Gebäude verlaufenden Lichtschächte ergaben für jede der vier Geschossdecken eine unterschiedliche Deckengeometrie. Insbesondere die unterschiedliche Lage und Größe der Lichtschächte stellten eine große Herausforderung an eine mögliche Stützenplatzierung dar. Als optimales System erwies sich, Stützen entlang der Fassade und als äußeren Ring um die Kerne anzuordnen. Der gesamte innere Bereich mit Spannweiten von bis zu 20 Metern bleibt stützenfrei. Die hohen Spannweiten wurden durch die Verwendung von biaxialen Hohlkörperdecken mit einer Dicke von 450 Millimetern ermöglicht. Wie in Norwegen verbreitet, kamen Filigranplatten anstelle einer normalen Deckenschalung zum Einsatz. Die Hohlkörper und die Leerrohre für die thermische Bauteilaktivierung wurden bereits im Werk auf die Filigranplatten montiert.

Neben der beträchtlichen Gewichtsreduktion und den damit verbundenen geringeren Fundamentlasten wirkt sich die Materialreduktion auch positiv auf die CO_2-Bilanz des Rohbaus aus. Zur Reduzierung des Langzeitverhaltens wurden die Decken an der Ostseite des Gebäudes über Zugstäbe ins Dach gehängt, das aufgrund seiner Faltung eine deutlich höhere Steifigkeit als die Geschossdecken besitzt.

Fassade

Für die Fassade wurde eine neuartige Lösung entwickelt, die neben den konstruktiven Anforderungen vor allem die energetischen Vorgaben eines Passivhauses erfüllen musste, ohne das Erscheinungsbild einer modernen und offenen Bibliothek zu beeinträchtigen.

Das entwickelte Fassadenkonzept besteht aus tragenden, glasfaserverstärkten Fassadenprofilen, zwischen denen sich die dreischichtige Isolierverglasung befindet.

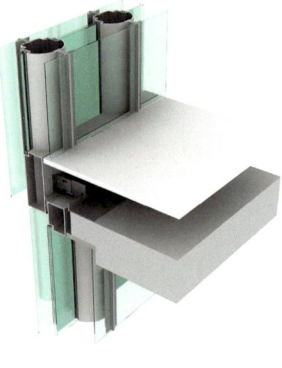

12 3D-Fassadendetail
13 Schnitt durch die Fassade
Legende:
1 Fassadenprofil aus GFK
2 Dreifachverglasung
3 Sonnenschutz
4 Äußere Glasschicht als Prallscheibe und Schutz der Sonnenlamellen
5 Glasscharnier mit integrierten Glashaltern
6 Befestigung für außenliegende Glaselemente
7 Innenliegendes Glas
8 Glasscharnier für innenliegendes Glas
9 GFK-Klemmleiste
10 Konvektor

14 Blick auf die Innenfassade während der Montage

Seite 101:
15 Großzügige verglaste Öffnungen ermöglichen einen fließenden Übergang zum Außenraum und Blick auf die presigekrönte Oper und den Osloer Hafen.

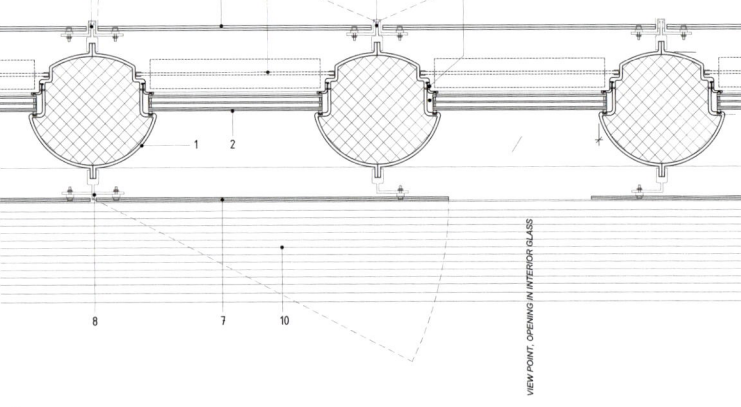

Eine zusätzliche äußere Glasschicht dient als Prallscheibe und Schutz der Sonnenlamellen und trägt maßgeblich zur Erhöhung des Schallschutzes gegen Außenlärm bei. Ein Wechsel zwischen transparenten, transluzenten und geschlossenen Elementen schafft Abwechslung und Spannung im Innern der Bibliothek. Offene Fugen können für Wartungszwecke genutzt werden.

Eine innere Glasschicht zerstreut zusätzlich das Licht und schafft so eine angenehme Arbeitsatmosphäre in der Bibliothek, ohne die Nutzung zu beeinträchtigen. Ein weiter Bereich der Fassade folgt dem gleichen Prinzip, ist aber zu 100 % transparent. Hier werden die Sandwichpaneele durch Isolierglasscheiben ersetzt.

Die glasfaserverstärkten Kunststoffprofile wurden als Halbschalen in Extrusion produziert. Die inneren Kammern der Profile sind gedämmt.

Erst das GFK mit seinen guten Wärmeleiteigenschaften machte dieses Fassadenkonzept möglich. Insbesondere die direkte Befestigung der Außenscheibe an den Profilen führt zur Vermeidung hoher thermischer Verluste.

Für die Fassade konnte so ein durchschnittlicher U-Wert von $0{,}45\ W/m^2 \cdot K$ erreicht werden.

Zusammenfassung

In einem interdisziplinären Planungsprozess haben Bollinger + Grohmann Ingenieure bei dem Neubau der Deichman Bibliothek in Oslo innovative Tragwerkslösungen entwickelt, die die hohen städtebaulichen Herausforderungen zusammen mit den hohen architektonischen Ansprüchen an das Gebäude ermöglichten und unterstützten.

Das in Teilen vorgespannte Betonfaltwerkdach, das bis zu 18 Meter auskragt und zusätzlich noch einen schwebenden Baukörper trägt, stellt eine innovative Tragwerkslösung dar. Diese sichtbare Konstruktion prägt auch das Erscheinungsbild des Gebäudes und verleiht ihm seinen besonderen Charakter.

Matthias Stracke, Knut Werner Lindeberg Alsén

OBJEKT
Deichmanske Bibliotek
STANDORT
Oslo
BAUZEIT
2014–2019
BAUHERR
Oslo Kommune/Kultur- og idrettsbygg Oslo KF, Norwegen
INGENIEURE + ARCHITEKTEN
Architekten: Lund Hagem Arkitekter und Atelier Oslo, Norwegen
Tragwerks- und Fassadenplaner:
Bollinger + Grohmann Ingenieure, Frankfurt und Oslo mit Multiconsult und BGKI, Oslo, Norwegen
Haustechnik: Multiconsult, Oslo, Norwegen

Die neue Deichmanske Bibliotek 101

LEUCHTENDES SYMBOL ÜBER DEN BERGBAU HINAUS – DAS SAARPOLYGON AUF DER HALDE DUHAMEL IN ENSDORF

1 Aussichtstribüne mit Ruhebänken

Auf der 150 Meter hohen Bergehalde Duhamel in Ensdorf/Saar ist eine begehbare Großskulptur aus Stahl als Landmarke errichtet worden. Sie erinnert zu dessen Ende an den jahrhundertelangen saarländischen Steinkohlenbergbau. Die architektonische Leistung bestand darin, ein Symbol zu kreieren, das in abstrakter Form die bergbauliche Vergangenheit verkörpert, den intensiv sich vollziehenden Wandel in der Nachbergbauära erscheinen lässt und eine Zukunftsperspektive anbietet. In der Tragwerksplanung lag die Problemstellung darin, ein statisch-wirtschaftlich sinnvolles System für Fundament und Traggerüst bei schwierigen Baugrundverhältnissen zu finden.

Im Saarland ging Mitte 2012 die über 250-jährige Ära des Steinkohlenbergbaus zu Ende. Die Steinkohle galt als Bodenschatz mit herausragender Bedeutung für die wirtschaftliche, politische und kulturelle Entwicklung in der Region. Zur Würdigung der jahrhundertelangen Bergbautradition und der erbrachten technischen und sozialen Leistungen entschied sich das Bergbauunternehmen RAG, auf der mit 150 Metern Höhe weithin sichtbaren Bergehalde Duhamel in Ensdorf – am Standort des letzten aktiven Bergwerks im Saarland – ein Symbol der Erinnerung entstehen zu lassen.

In einem europaweit ausgelobten Ideenwettbewerb für Architekten, Landschaftsplaner und Künstler wurde die Aufgabe gestellt, für das Plateau der Bergehalde eine Landmarke zu kreieren, die symbolhaft für den Abschied vom Bergbau und den Aufbruch in eine neue Zeitepoche, die Nachbergbauära, steht.

Eine prominent besetzte Jury kürte unter 147 Teilnehmern pfeiffer sachse architekten aus Berlin zu den Gewinnern des thematisch anspruchsvollen Wettbewerbs. Mit ihrem gelungenen Entwurf „Symbol für den Wandel der Region" konnten sie das Preisgericht überzeugen. Das Gremium lobte insbesondere die gelungene Integration der Bergbaugeschichte in die Formensprache sowie die Vielfalt der Formen je nach Sicht des Betrachters. Zur Realisierung der Landmarke, die den Namen „Saarpolygon" erhielt, gründete sich der Förderverein BergbauErbeSaar e.V. als Bauherr und künftiger Betreiber. Finanziert wurde das Bauvorhaben mit einem Gesamtvolumen von 2 Mio. Euro (brutto) durch Zuwendungen der RAG-Stiftung und des Saarlandes sowie Spenden von Unternehmen, Institutionen und Privatpersonen. Eine Besonderheit der Finanzierung waren Stufenspenden mit Namensschildern der Spender.

Entwurf und Gestaltung

Architektonisch handelt es sich bei dem Saarpolygon um eine begehbare Großskulptur als räumliches Fachwerk mit Außenhülle aus feuerverzinktem Stahl, die auf abstraktem Niveau bergbauspezifische Symbole wie Schlägel und Eisen und Fördergerüste für die Vergan-

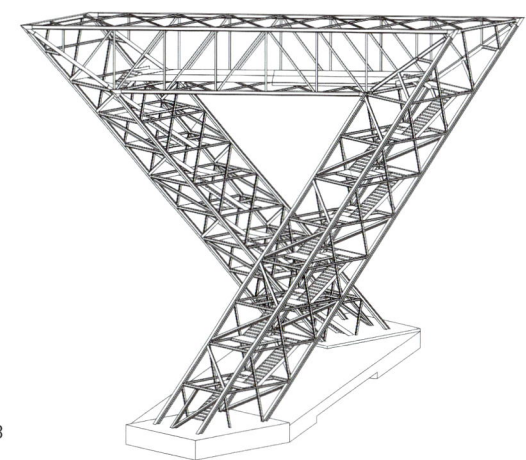

genheit erkennen lässt oder eine Torcharakteristik für die Zukunft zeigt – je nach Blickwinkel. Dazwischen vollzieht sich für das Auge des Betrachters ein sukzessiver Wandel. Als Materialität wurde von den Architekten bewusst Stahl gewählt, um den industriellen Verbund von Kohle, Stahl und Energie zum Ausdruck zu bringen.

Die fast 30 Meter hohe Landmarke, die auf geschüttetem Bergematerial – dem Nebengestein bei der Gewinnung von Steinkohle – gegründet ist, besteht aus drei großen Grundelementen, nämlich zwei mit einer 45-Grad-Neigung räumlich verschränkt gegenüberstehenden Schrägtürmen, die über ein horizontales Brückenelement verbunden sind, das als Aussichtstribüne dient.

Im Innern der Schrägtürme führt eine Treppenanlage aus Laufblechen über Zwischenpodeste nach oben. Die innere Erschließung ist so ausgestaltet, dass sie für Menschen mit leichten Geh- und Seheinschränkungen sicher und bequem begangen werden kann. Auf der opulent gestalteten Aussichtstribüne laden Ruhebänke zum Verweilen und Genießen der prächtigen Aussicht ein (Bild 1).

Das Tragwerk (Bild 3) ist von einer Außenhülle aus feuerverzinkten Stahlprofilen umgeben, die rein architektonischen Zwecken dient. Von weitem betrachtet wirkt sie wie ein transparenter Schleier, der das von Natur aus

2 Das Saarpolygon – Symbol der Erinnerung, des Wandels und der Zukunft
3 Räumliche Tragkonstruktion
4 Konstruktion mit Fassade

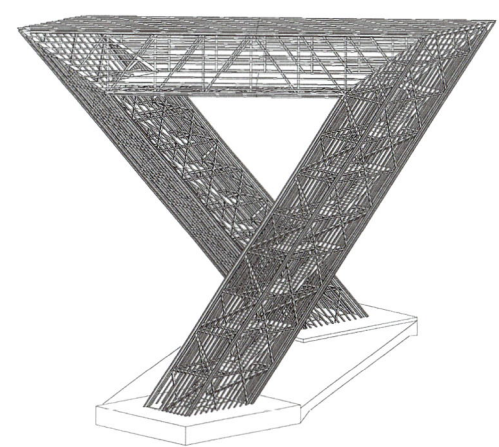

Das Saarpolygon auf der Halde Duhamel in Ensdorf

5 Stahlträger mit Kopfplatten

eher gedrungen wirkende Tragwerk „umgarnt" (Bild 4). Das Aussehen der Skulptur gewinnt hierdurch optisch an Leichtigkeit. Nachts bringen LED-Leuchten, die in die Innengeländer integriert sind, das Saarpolygon von innen heraus zum Erstrahlen (Bild 2). Somit verändert sich das Erscheinungsbild der Landmarke nicht nur räumlich, sondern auch temporär.

In dem Zusammenspiel aller architektonischen Komponenten kommt das Saarpolygon als Symbol der Erinnerung, des Wandels und der Zukunft zu voller Entfaltung.

Tragstruktur

Die Tragkonstruktion steht in der Draufsicht auf einem Grundriss von 35 Metern x 24 Metern. Die Eckstützen der Pylone und die Eckprofile des Querriegels bilden mit den Diagonalen und den Randbühnenträgern ein räumliches Fachwerksystem, das in Verbindung mit den Fundamenten wie ein eingespannter Rahmen mit zusätzlicher Torsionsbeanspruchung wirkt. Für die Verbindung der Stahlkonstruktion mit dem Fundament wurde – aus Gründen der besseren Krafteinleitung, aber auch der Passgenauigkeit – ein im Fundament einbetonierter Stahlrahmen gewählt. Mithilfe von Hilfsstützen, die auf der Sohle lagern, konnten die Träger bestens ausgerichtet und passgenau eingebaut werden. Die Einleitung der Horizontalkräfte in den Beton erfolgt über die an den Stahlträgerenden angeschweißten Kopfplatten und

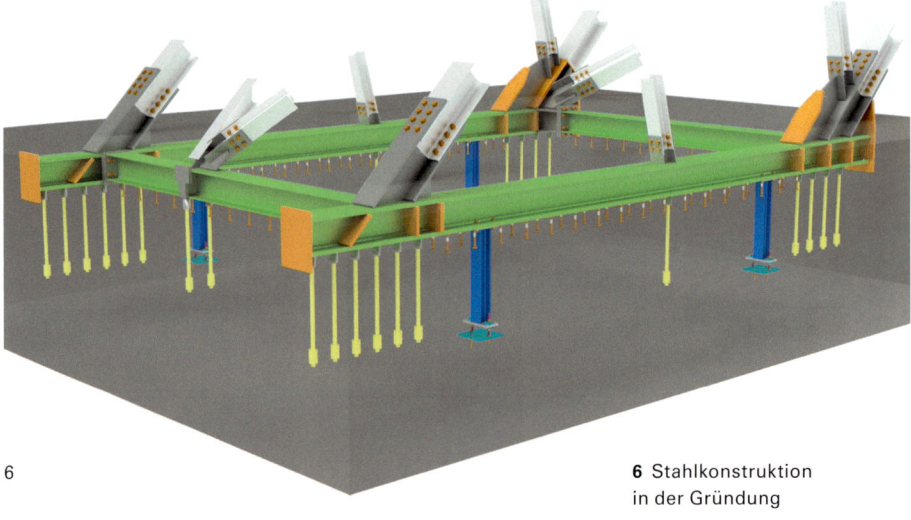

6 Stahlkonstruktion in der Gründung

die an der Unterseite der Träger angeordneten Kopfbolzendübel (Bild 5). Für die aus der Rahmenwirkung in den äußeren Eckstützen entstehenden abhebenden Vertikalkräfte wurden Gewi-Anker vorgesehen. Das Bauwerk wurde zusätzlich auf Schwingungen untersucht. Die in der Tragwerksbemessung ermittelten Werte konnten weitestgehend durch Messungen am Bauwerk bestätigt werden. Auf den Einsatz von zusätzlichen Schwingungstilgern konnte verzichtet werden.

Die Treppenläufe, bestehend aus 15 Millimeter starken Treppenwangen mit eingeschweißten, gekanteten Blechstufen, wurden auf den Trägern der Zwischenbühnen zwängungsfrei gelagert. Sowohl die Aussichtsplattform als auch die Treppenpodeste sind mit Riffelblechen belegt. Zur Aussteifung wurden an der Unterseite Flachstähle angeschweißt. Für die Verbindung mit der Unterkonstruktion wurden Senkschrauben gewählt. Aus Sicherheitsgründen wurden die Stufen mit einer rutschfesten RHD-Kunststoffapplikation versehen. Geländer, teils mit offener Struktur (Flacheisenrahmen mit senkrechten angeschweißten Vierkantfüllstäben an den Außenflächen der Treppen und der Aussichtsplattform) und teils mit geschlossener Struktur (mit Blechen verkleidete Seitenwände an den Innenflächen der Treppen) dienen der Absturzsicherung (Bild 8).

Das ursprüngliche Konzept mit in Längsrichtung der Pylone und des Querriegels tragenden Quadrathohlprofi-

7 Transparentes Erscheinungsbild – Tragwerk mit Fassadenkonstruktion und innerer Erschließung

8 Treppenlauf mit Geländer

9

10

len konnte aus wirtschaftlichen, aber auch statischen Gründen nicht umgesetzt werden. Stattdessen wurde aus visuellen Gründen das Tragwerk mit einer Fassadenkonstruktion aus Quadratprofilen QRO 80 im lichten Abstand von 375 Millimetern versehen.

Gründung

Der Standort der Skulptur ist eine rund 150 Meter hohe, überwiegend locker geschüttete Bergehalde. Obwohl die obersten 6 Meter des Haldenplateaus zur Sicherung des Baugrunds in 0,5-Meter-Lagen mit Vibrationswalze und Lastversuchen kontrolliert eingebaut wurden, sind unterschiedliche Setzungen nicht auszuschließen. Genaue Festlegungen der Bodenkennwerte für die Berechnung des Bauwerks konnten mit Rücksicht auf den langfristigen Konsolidierungsprozess im tiefen Haldenkörper nicht getroffen werden. Gleichmäßige Setzungen stören das Tragverhalten der Konstruktion nicht. Differenzsetzungen, die über viele Jahrzehnte auftreten, können jedoch ab bestimmten Größenordnungen schädlich sein. Aus diesem Grunde wurde in Abstimmung mit den Prüfbehörden festgelegt, dass das Bauwerk für folgende Setzungsdifferenzen zu bemessen sei:
- zulässige Setzungsdifferenz in Längsrichtung: 10 Zentimeter (auf 40 Meter)
- zulässige Setzungsdifferenz in Querrichtung (Verdrehung): 2 Zentimeter

Mit diesen Grenzwerten wurde die Konstruktion bemessen. Dem schlechten Baugrund wurde auch dadurch Rechnung getragen, dass die ursprünglich vorgesehenen Einzelfundamente (11 Meter x 10 Meter x 1,5 Meter groß) zusätzlich durch eine biegesteife Platte (Zerrbalken) verbunden wurden. Somit wurde gesichert, dass die Torsionsmomente der einzelnen Pylone – bedingt durch die Geometrie des Bauwerks – nicht in der Sohle auftreten, sondern von der Verbindungsplatte aufgenommen werden.

Da die tatsächlich langfristig auftretenden Setzungs-/Verformungsdifferenzen nicht bekannt sind, wird die Standsicherheit durch ein halbjährliches Messprogramm überprüft.

Bei Überschreitung der Grenzwerte wird die Standsicherheit mit den aktuellen Messwerten überprüft. Außerdem besteht die Möglichkeit, die Lage der Fundamente durch Expansionsharzinjektionen zu korrigieren. Für diesen Fall ist das Fundament im Bereich der Aufstandsflächen der Pylone mit Leerrohren (Durchmesser 35 Millimeter) zum Einbringen von Expansionsharz vorgerüstet.

Ausführung

Die Stahlkonstruktion, bestehend aus Walzprofilen, wurde im Werk vorgefertigt, mit Ausnahme der Treppen

9 Knotenpunkt mit geschweißten Knotenblechen
10 Fachwerkscheibe als Einbausegment

Seite 109:
11 Brückenhub – Präzisionsarbeit mit vier Kranfahrzeugen

11

komplett feuerverzinkt und in Einzelteilen zur Baustelle transportiert. Für die Verbindung der Bauteile wurde eine geschraubte Lösung gewählt (geschweißte Knotenbleche an den Eckprofilen der Fachwerke, Bild 9). Die Knotenpunkte in den Übergangspunkten von den Pylonen zu dem Verbindungstrakt forderten eine äußerst anspruchsvolle Detailarbeit. Zehn Walzprofile mussten unter verschiedenen Winkeln angeschlossen werden.

Eine besondere logistische Herausforderung für die Anlieferung der Stahlbauteile und des Fundamentbetons ergab sich aus der bis zu 17 Prozent steilen Auffahrt über das geschüttete und witterungsempfindliche Bergematerial.

Nach dem Betonieren des 1.500 Tonnen schweren Fundamentkörpers in einem einzigen Vorgang konnten die Fachwerke am Boden vormontiert werden und an dem Fundamentstahlrahmen angeschlossen werden (Bild 10). Zusätzliche Gittermaste dienten als Montageabstützung der oberen Schüsse der Pylone. Segmentweise erfolgte auch der Einbau der Treppen, Podeste und Geländer. Der 35 Meter lange Verbindungsgang wurde komplett am Boden vormontiert und mit vier Kranen in die Endlage zwischen den Pylonen eingehoben (Bild 11). Als letzter Schritt wurden die Fassadenelemente aufgeschraubt. Die Abschlussarbeiten bildeten die Elektro- und Lichtinstallation sowie das Auftragen des rutschfesten RHD-Belages.

Fazit

Mit dem Saarpolygon ist zum Ende der Jahrhunderte währenden Ära des Steinkohlenbergbaus eine Großskulptur auf einer Bergehalde entstanden, die als Symbol der Erinnerung, des Wandels und der Zukunft das Bewusstsein der Menschen im Saarland verkörpert.

In einer fünfjährigen Planungs- und knapp einjährigen Bauphase gelang es durch intensives und konstruktives Zusammenwirken von Bauherr, Architekten, Tragwerksplanern, Bauunternehmer und Behörden, ein Projekt zum Erfolg zu führen, an dessen Anfang eine Idee stand – ein markantes und weithin sichtbares Zeichen am letzten aktiven Standort eines saarländischen Bergwerks entstehen zu lassen. Die Menschen in der Region betrachten diese Landmarke als ein wichtiges Wahrzeichen des Landes und suchen den außergewöhnlichen Ort gerne zum Verweilen auf.

Volker Hagelstein, Dieter Spang

OBJEKT
Landmarke Duhamel, Das Saarpolygon
STANDORT
Ensdorf/Saar
BAUZEIT
11/2015 – 09/2016
BAUHERR
Förderverein BergbauErbeSaar e.V.
INGENIEURE + ARCHITEKTEN
pfeiffer sachse architekten bdi, Berlin
Tragwerksplanung:
Ingenieurbüro für Stahlbau Gregull + Spang, Spahnsdorf
AUSFÜHRENDE FIRMEN
Stahlbau Queck, Düren
AUSZEICHNUNGEN
BDA-Preis für Architektur und Städtebau im Saarland 2017
ICONIC AWARDS 2017
15. Deutscher Verzinkerpreis 2017
Preis des Deutschen Stahlbaus 2018

EINE MARKANTE KLAMMER ZWISCHEN BAHNHOF UND STADT – DER NEUE BUSBAHNHOF VON RHEINE

1

Im November 2017 wurde der neue Busbahnhof in Rheine feierlich eröffnet. Als zentraler Teil des Bahnhofsumfeldes wurde der Busbahnhof als erste Maßnahme eines städtebaulichen Realisierungswettbewerbs umgesetzt. Der Wettbewerb wurde bereits im Jahr 2001 von der Stadt Rheine ausgelobt. Das Architektur- und Ingenieurbüro Planungsbüro Rohling AG ging als Sieger aus diesem Wettbewerb hervor und erbrachte die Architekturplanung für den neuen ZOB.

Vom Verkehrsknotenpunkt zum Markenzeichen

Treffpunkt, Verkehrsknotenpunkt und wichtiger Zugangsbereich zur Innenstadt – der ZOB in Rheine erfüllt viele Aufgaben für Reisende und Bewohner der Stadt. Bisher vor allem als Verkehrszone erlebt, wurde die Umgebung rund um den Busbahnhof durch die Neugestaltung optisch zu einem zentralen Platz zusammengeführt und in der Funktion optimiert. Ziel der Modernisierung war es, sichere Verkehrswege zu schaffen, die Aufenthaltsqualität zu erhöhen sowie die Barrierefreiheit sicherzustellen. Gleichzeitig trägt der Busbahnhof mit seinem Erscheinungsbild als neues Markenzeichen der Stadt in Zukunft zur Vitalisierung der Innenstadt bei.

Der Baubeginn zur Umgestaltung des Busbahnhofs startete im Juni 2016. Um auch während der Baumaßnahmen einen reibungslosen Busverkehr zu ermöglichen, erfolgte die Umgestaltung innerhalb verschiedener Teilabschnitte. Dennoch stellte der Umbau im laufenden Betrieb besondere Anforderungen an die Bauleitung, die ausführenden Firmen und natürlich den Busbetrieb selbst. Weiterhin erschwerte die vollständige Montage über Autokrane in dem sehr begrenzten Stadtraum in unmittelbarer Nähe zum Rathaus und zum Hauptbahnhof die Baumaßnahme.

Auffällige Dachkonstruktion als optische Verbindung

Der Umgestaltungsraum beinhaltete einen etwa 100 Meter langen Abschnitt der Bahnhofstraße zwischen dem Kardinal-Galen-Ring im Westen und der Matthiasstraße/Poststraße im Osten sowie einen etwa 160 Meter langen Abschnitt der Matthiasstraße zwischen der Bahnhofstraße im Norden und dem Kardinal-Galen-Ring im Süden. Der neue Busbahnhof wurde in der Matthiasstraße errichtet und ist durch eine durchgängig überdachte Wartefläche mit einer Breite von etwa 6 Metern und einer Länge von etwa 108 Metern gekennzeichnet. Der Bussteig fügt sich ruhig in das heterogene Umfeld des Platzes ein und stellt durch seine Länge eine optische Verbindung zum Marktplatz her. Im Vergleich zu vorher ist ein klares und einladendes Entree zur Innenstadt entstanden.

Markenzeichen des ZOB ist die auffällige Dachkonstruktion aus Stahlprofilen und einer Überkopfverglasung, die mit bunten Glasplatten die Konstruktion in Teilen

Seiten 110/111:
Der neue Bussteig stellt durch seine Länge eine optische Verbindung zum Marktplatz her.

1 Als zentraler Teil des Bahnhofsumfeldes in Rheine wurde der Busbahnhof in der Matthiasstraße zusammengeführt und mit einer auffälligen Überdachung ausgestattet.

2 Gussknoten der Baumstütze
3 Längsschnitt Dachkonstruktion
4 Querschnitt Dachkonstruktion

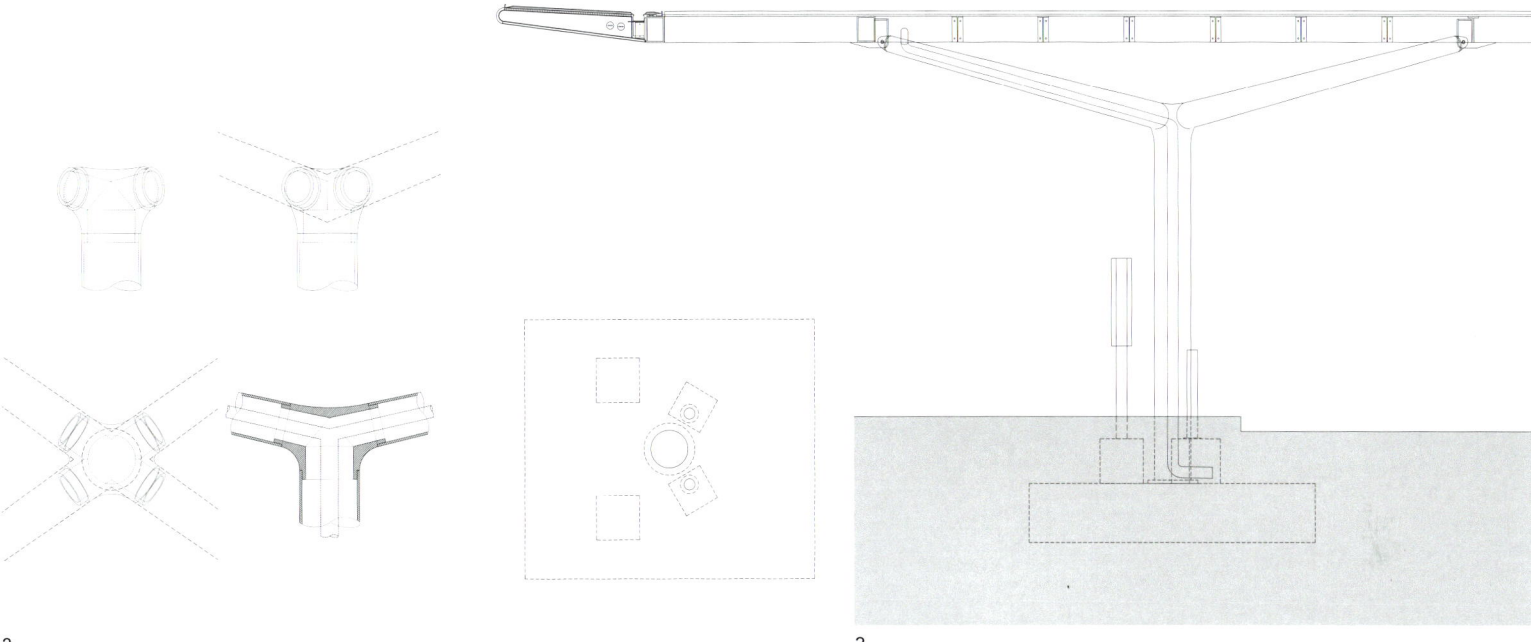

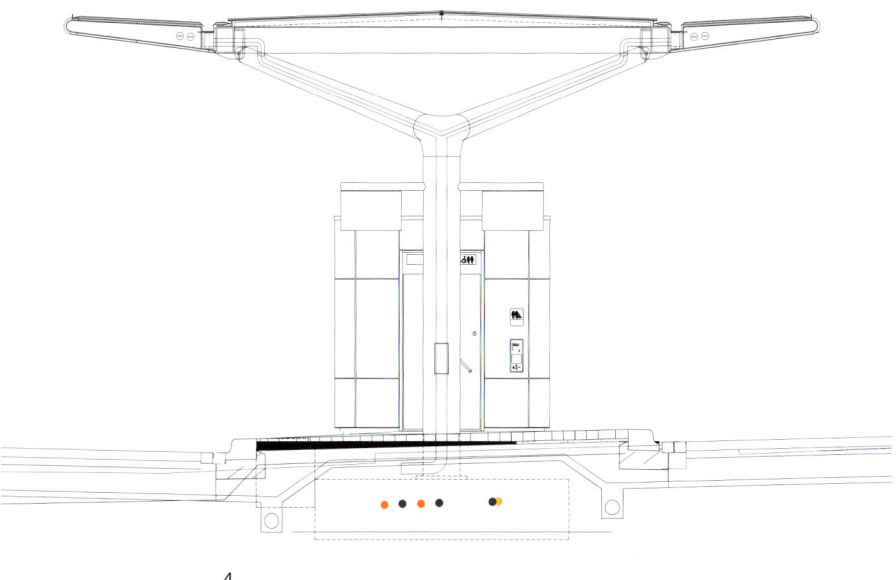

akzentuiert. Die Tragkonstruktion für die Überdachung besteht aus zehn verzinkten und beschichteten Stahlaußenstützen mit einem Durchmesser von je 50 Zentimetern. Die Rundrohrprofile werden in einer Höhe von ca. 4 Meter über ein Gussstahlteil aufgelöst und gliedern sich in vier angeschweißte, konisch sich verjüngende Arme. Die Gussstahlteile wurden jeweils als Unikate, in Sandformen gegossen, vorgefertigt. Zusammen mit den angeschweißten, konisch geformten Baumarmen aus geschweißtem Flachstahl, mit einer Dicke von 20 Millimetern, wurden die Gussköpfe im Betrieb kopfüber vormontiert, gekennzeichnet und für den Transport zur Baustelle wieder demontiert.

Im Betrieb wurden die zehn Gussköpfe mit den jeweiligen Hohlprofilstämmen verschweißt, feuerverzinkt und beschichtet. Die Gesamtstütze wurde unter Verwendung einer Hilfskonstruktion auf der Baustelle wieder zusammengesetzt und in Schweißzelten witterungsunabhängig in einer Höhe von 4 Metern verschweißt. Zusammengefügt ergeben die Gesamtstützen die gewünschte gestalterische Einheit.

Eine zusätzliche Herausforderung stellte der Wunsch der Planer dar, die Entwässerung und die Elektrozuleitungen nicht sichtbar innerhalb der Stütze zu führen. Die zehn identisch wirkenden Baumstützen wurden auf diesem Weg zu zehn individuell ausgestatteten Einzelstücken. Die Hohlprofilstützen sind im Wechsel mit Elektro-

zuleitung oder Dachentwässerung bestückt, teilweise mit Revisionsöffnungen ausgestattet oder um Kragarme für die digitale Fahrgastinformation ergänzt. Die Zuleitung erfolgt am Fußpunkt oberhalb der 45 Millimeter dicken Fußplatte. Hier wurden die Zuleitungen mittels Zugseilen bis zu den oberen Öffnungen an den Kragarmen gezogen. Am oberen Ende erfolgt die Bolzenverbindung über 20 Millimeter Gabelbleche am Kopf der Konen zu den Fahnenblechen der Dachkonstruktion. Über die 40 Stahlbolzen mit jeweils 50 Millimeter Durchmesser werden die Lasten aus der Hauptkonstruktion ins Erdreich abgetragen. Das Haupttragwerk in einer Höhe von ca. 5 Metern besteht aus umlaufenden Rechteckhohlprofilen mit Abmessungen von 350 × 250 Millimetern, wobei die notwendigen Dehnstöße über Einsteckprofile in einem Abstand von ca. 24 Metern die erforderliche Ausdehnung ermöglichen. Dazwischen spannen – aus architektonischem Gestaltungsanspruch gewählte – T-Träger im Mittelbereich. Die T-Profile ermöglichen es, die Konstruktion, unabhängig vom Achsabstand von 1,20 Metern, zurückhaltend wirken zu lassen. Auf den T-Trägern dienen aufgeschweißte Hohlprofile als Unterkonstruktion der Überkopfverglasung. Die Hohlprofile erzeugen gleichzeitig ein Gefälle zur Entwässerung des Daches.

Der Mittelbereich wurde durch diese Überkopfverglasung aus Sicherheitsglas als Pfosten-Riegel-Aufsatzkonstruktion mit einer Fläche von ca. 700 Quadratmetern ausgeführt. Im Randbereich des Haupttragwerks kommen zulaufende Kragarme in einem Abstand von 1,20 Metern zum Einsatz, die den äußeren, geschlossenen Ring tragen. Die Aussparungen in den 210 Flachstahlschwertern von 5 Millimetern Dicke ermöglichen die unsichtbare Leitungsführung durch den kompletten geschlossenen Außenring und eine nachträgliche zusätzliche Ausstattung mit etwaigen Medien. Oberseitig kommt am äußeren Ring eine Kalzip-Bekleidung auf Holzschalung zum Einsatz, welche die Entwässerung der Gesamtkonstruktion sicherstellt. Auf der Unterseite wurde eine genietete Aluminiumverbundplatte gewählt, welche den Farbton der beschichteten Stahlkonstruktion wieder aufnimmt. Die gesamte Stahlkonstruktion – zusammengesetzt aus den zehn Baumstützen, der Hauptdachkonstruktion aus umlaufendem Hohlprofil und T-Trägern im Mittelfeld und dem geschlossenen äußeren Ring aus 210 Stahlschwertern – umfasst ca. 40 Tonnen.

Atmosphärische Beleuchtung mit blauen Akzenten

Die Verglasung des Daches stellt einen wichtigen Aspekt der Lichtplanung dar, die aus zwei Komponenten besteht: der Grundbeleuchtung und der atmosphärischen Architekturbeleuchtung. Auf diese Weise wird eine unterschiedliche Tag- und Nachtwirkung erzielt. Am Tage erzeugt die farbige Glasgestaltung des Daches im Wechselspiel mit dem Sonnenlicht farbige Lichtflächen auf dem Boden und auf der Konstruktion.

5 Dachkonstruktion auf Baumstützen mit bunten Glasplatten
6 Blauer Pavillon mit Aufenthaltsraum für die Busfahrer und WC

Seite 115:
7 Bei Nacht erzeugt die Beleuchtung eine atmosphärische Stimmung.

Bei Nacht werden die farbigen Glasflächen durch Rückreflexionen der Beleuchtung sichtbar, wodurch eine atmosphärische Stimmung erzielt wird. Dazu sind über den Stützen breitstrahlende Flächenstrahler angebracht, die sich in den Rhythmus der Architektur eingliedern und sowohl den Bussteig als auch die Dachfigur gleichmäßig beleuchten.

Auf dem Bussteig stehen den wartenden Fahrgästen Sitzgelegenheiten zur Verfügung. Hockerbänke zum beidseitigen Sitzen sind auf dem Bussteig verteilt. Bei den Bänken handelt es sich um Stahlkonstruktionen mit Sitzflächen aus Rundrohr, deren Optik dem Corporate Design der Stadt Rheine entsprechen. Darüber hinaus sind Einbauten aus einer Stahl-Glas-Konstruktion als Windschutz auf dem Bussteig positioniert.

Zudem wurde ein blauer Pavillon – abgestimmt mit den blauen Flächen des Glasdachs – mit barrierefreiem WC sowie einem Aufenthaltsraum für Busfahrer im Wartebereich integriert.

Mehr Sicherheit für Fußgänger

Der Bussteig wurde in dunklem Betonwerkstein ausgeführt. Alle weiteren Hauptgehwege wurden mit hellem Betonwerkstein, ähnlich dem Bestand in der Poststraße, verlegt. Die gesamte Fahrbahnbreite der Bahnhofstraße wurde auf 6,50 Meter reduziert, sodass beidseitig verbreiterte Gehwege entstanden sind. Die Fahrbahnen und Haltebereiche der Busse wurden asphaltiert. Eine Querungsstelle über den Bussteig und Haltebereich der Busse ermöglicht einen schnellen und sicheren Übergang in die Innenstadt. Die Fußgängerquerung ist im Haltebereich durch einen Zebrastreifen markiert und erfolgt über den Bussteig gesichert und behindertengerecht. Durch die gegenüber früher attraktivere Gestaltung der Anlagen des Fußgängerverkehrs wird eine Steigerung des nichtmotorisierten Verkehrs angestrebt. Zudem ist der gesamte Platz barrierefrei begehbar. Behindertenleitstreifen verbinden den Bussteig mit dem Zugang zum Rathaus, der Innenstadt und der Anbindung zum Bahnhof.

Um Fahrgäste über die einkommenden Busse zu informieren, erhielt der ZOB ein dynamisches Fahrgastinformationssystem mit digitalen Anzeigetafeln. Auf diesen werden die Halteplätze und Abfahrtszeiten der einfahrenden Busse angezeigt.

Alexander Reßlhuber

OBJEKT
Neubau Zentraler Omnibusbahnhof Rheine
STANDORT
Rheine
BAUZEIT
Planungsbeginn: 2014
Bauzeit: April bis November 2017
Gesamtbausumme:
1,7 Mio. Euro brutto
BAUHERR
Stadt Rheine
INGENIEURE + ARCHITEKTEN
Bauleitung:
pbr Planungsbüro Rohling AG
AUSFÜHRENDE FIRMEN
Landschaftsarchitektur: wbp Landschaftsarchitekten GmbH, Bochum
Verkehrsanlagen: SHP Ingenieure, Hannover
Stahlbau: Montage + Anlagenbau Gründken GmbH, Nottuln
Lichtplanung: Dinnebier Licht GmbH, Wuppertal
Fundamente: Bauunternehmen Josef Korte GmbH & Co. KG, Rheine
Überkopfverglasung:
Jet Gruppe, Hüllhorst
Pavillon blau:
Hering, Burbach

BAU DER LÄNGSTEN SS80-BRÜCKE DEUTSCHLANDS – DIE ECHELSBACHER BEHELFSBRÜCKE

1 Bau der Brücke 1929
2 Montage der SS80 am Vormontageplatz

Um den Verkehr während der Bauzeit für den Ersatzneubau der Echelsbacher Brücke in der touristischen Region Oberammergau aufrechtzuerhalten, wurde eine in Deutschland bisher einmalige Behelfsbrücke mit 266 Metern Brückenlänge neben der künftigen Brückenbaustelle errichtet. Dafür wurde das beim Bundesverkehrsministerium vorrätige SS80-Brückensystem an die erforderlichen Gegebenheiten angepasst und auf bis zu 70 Meter hohen, abgespannten Hilfstürmen in der Ammerschlucht gelagert. Dieses Bauwerk zeigt in eindrucksvoller Weise, wie Systembrücken ohne lange Planungs- und Prüfzeiten schnelle und effiziente Lösungen für infrastrukturelle Verkehrsströme bereitstellen können.

Einführung und Historie

Im Zuge der Bundesstraße B23 Schongau-Peiting bis Oberau überspannt die Echelsbacher Brücke südlich von Rottenbuch in 76 Metern Höhe die Ammerschlucht und verbindet die Landkreise Weilheim und Garmisch-Partenkirchen. Das heute unter Denkmalschutz stehende Bestandsbauwerk wurde bereits im Jahre 1929 errichtet (Bild 1). Es handelt sich hierbei um die weltweit größte noch unter Verkehr befindliche Straßenbrücke in der Melan-Spangenberg-Bauweise.

Wegen der zunehmenden Schäden am Bestandsbauwerk wird eine Teilerneuerung der Struktur vorgenommen. Dazu werden die Fahrbahn, die Widerlager und die Stützen abgebrochen. Der Doppelbogen der historischen Brücke hingegen bleibt bestehen und wird statisch saniert. In einer circa dreijährigen Baumaßnahme wird eine statisch eigenständige Bogenbrücke mit aufgeständerter Fahrbahn über den sanierten Doppelbogen errichtet. Die Achsabstände der neuen Brücke werden wie bei der alten Brücke übernommen. Die neue Gradiente liegt bis zu 2,50 Meter höher als im jetzigen Bestand.

Wegen der Bedeutung der Verbindungsstrecke nach Garmisch-Partenkirchen für die ansässige Wirtschaft und den Tourismus ist es erforderlich, den Verkehr auf dieser Strecke aufrechtzuerhalten. Aus diesem Anlass heraus entschied sich der Bauherr, parallel zum gegenwärtig noch unter Verkehr stehenden Bestandsbauwerk, eine Behelfsbrücke vom Typ SS80 zu errichten. Während der Bauzeit der neuen Brücke überführt die 266 Meter lange Behelfsbrücke den Verkehr über die Ammerschlucht; sie ist zurzeit die längste Behelfsbrücke für Straßenverkehr vom Typ SS80 in Deutschland. Die Verkehrsumlegung erfolgte nahtlos und stellt sicher, dass die Verbindungsstrecke permanent befahrbar bleibt.

Nach Fertigstellung der neuen Brücke (ca. Mitte 2021) muss die Behelfsbrücke inklusive der Türme und Fundamente restlos zurückgebaut werden.

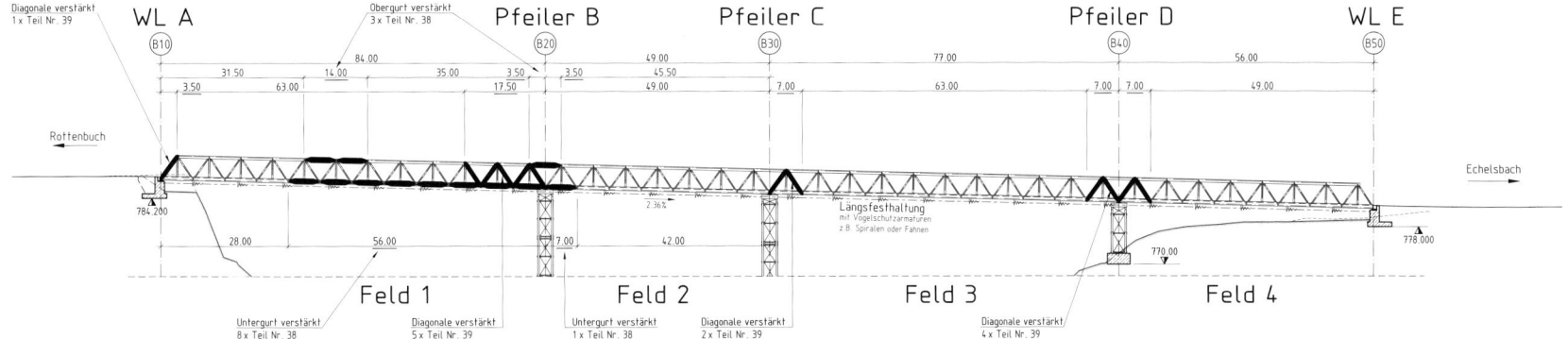

3 Ansicht der Brücke

Das Systemgerät Typ SS80

Das Systemgerät vom Typ SS80 (Schweres Straßenbrückengerät 80 Meter) ist eine zerlegbare, wiederverwendbare Straßenbrücke aus dem Bestand des Bundes, welche nach dem Baukastenprinzip modular aufgebaut ist. Das Gerät wurde 1975 von Krupp Industrie- und Stahlbau, Duisburg, entwickelt und wird heute vom Nachfolger und Systembetreuer, der SEH Engineering GmbH, weitergeführt und an die aktuellen Bedürfnisse durch Weiterentwicklungen angepasst (Bild 2).

Beim SS80 handelt es sich um eine zweispurige Straßenbrücke (je 3,00 Meter Fahrspurbreite) in Trogbauweise mit außenliegenden 5 Meter hohen Fachwerkträgern. Optional können seitlich angehängt Geh- und Radwege mit variabel höhenverstellbarem Füllstabgeländer ergänzt werden. Die Brückenlänge kann variabel im Systemraster von 3,50 Metern errichtet werden. Die Grenzstützweite für Einfeldträgerbrücken für BKL 60/30 liegt bei 80,50 Metern. Bei Durchlaufträgern kann, wie auch im Fall der Echelsbacher Brücke, die Spannweite wegen des günstigeren Momentenverlaufes erhöht werden.

Das SS80-Brückengerät ist Eigentum des Bundes und wird an mehreren Standorten in Brückenlagern bereitgehalten. Es wurde vom Bundesverkehrsministerium (BMVI) im Rahmen der gesetzlichen Verpflichtungen des Bundes für die zivile Notfallvorsorge angeschafft und wird für den Notfalleinsatz vorgehalten. Um die Einsatzbereitschaft und Funktionalität des Brückengerätes für den Notfall sicherzustellen, wird dieses regelmäßig für Infrastrukturmaßnahmen zur Aufrechterhaltung des öffentlichen Verkehrs bei Brückenbaumaßnahmen vom BMVI zur Verfügung gestellt.

Für den Einsatz im öffentlichen Bereich wie Autobahnen, Landes- oder Bundesstraßen kann das Gerät vom für die Baulast der Brückenbaustelle zuständigen Landesbaubetrieb ausgeliehen werden. Hierzu stellt die für die Strecke zuständige Verkehrsbehörde einen Antrag beim Bundesministerium und reserviert das Gerät für den späteren Einsatzfall.

Die Beschreibung des Gerätes sowie Anforderungen an die Montage und Wartung sind in einer Betriebsanleitung und Bauanweisung (zurzeit gültig in Ausgabe 2006) zusammengetragen. Hierin finden sich alle wesentlichen Informationen zum Gerät und zu den Schnittstellen zur Ausbildung der Widerlager (WL) und Übergänge. Dem Handbuch liegt eine typisierte Berechnung zugrunde. Die für den Endzustand erforderlichen Grenzspannweiten und Auflagerkräfte können dem Handbuch entnommen und müssen nicht neu bestimmt werden. Somit beschränkt sich der Planungsaufwand primär auf die Bewertung und Auswahl des Montageverfahrens in Abhängigkeit der örtlichen, geometrischen und zeitlichen Rahmenbedingungen.

4 Vormontageplatz mit Bestandsbrücke

Die Einzelteile der SS80-Brücke sind katalogisiert. Der Zusammenbau erfolgt über standardisierte, im Handbuch beschriebene Knotenverbindungen. Die für die Montage erforderlichen Bauteile wie Vorbauträger mit hydraulisch absenkbarer Schnabelspitze und Rollenbatterien sind ebenfalls Bestandteil des Brückengerätes.

Die Behelfsbrücke Echelsbach

Die Behelfsbrücke Echelsbach ist mit einer Gesamtspannweite von 266 Metern als Vierfeldträger (56 Meter – 77 Meter – 49 Meter – 84 Meter) ausgebildet (Bild 3).

Das Gesamtgewicht des Überbaus beträgt mit Zubehör ca. 1.300 Tonnen. Die Zwischenauflager bestehen aus drei Hilfsstützen mit einer Höhe von 70 Metern, 50 Metern und 10 Metern und einem Gesamtgewicht von ca. 400 Tonnen. Das Bauwerk befindet sich in einer exponierten Lage, nicht nur wegen seiner Höhe, sondern vielmehr wegen der naturschutzrechtlichen Anforderungen und der damit einhergehenden Bedingungen der Ausführung. Die Ammerschlucht im Bereich des Brückenbauwerkes befindet sich inmitten eines Naturschutzgebietes. Zudem nisten im begehbaren Bogen der alten Brücke schützenswerte Fledermauskolonien. Im Bereich der Turmfundamente ist der Baugrund von Kalktuffquellen, natürlichen Hohlräumen und alten Bergwerksstollen durchzogen. Tragfähiger Baugrund im Felsgestein liegt nur punktuell vor, weshalb die Brücke nicht parallel zur Bestandsbrücke verläuft, sondern in einem Winkel von 15,6 gon zur Achse des Bestandsbauwerkes. Dieser und andere Zwänge führten dazu, dass die Behelfsbrücke um 83 Meter länger ist als das 183 Meter lange Bestandsbauwerk.

Baustellenlogistik

Für die Herstellung der Behelfsbrücke samt Hilfstürmen stand auf beiden Seiten der Ammerschlucht ein Vormontage- und Lagerplatz zur Verfügung. Die Vormontage der Brücke erfolgte auf der Ostseite, von wo aus die Brücke im Taktschiebeverfahren schrittweise montiert und mit einer Steigung von 2,36 Prozent in Richtung Westen hangaufwärts verschoben wurde.

Wegen der Hanglage in Verbindung mit den Naturschutzanforderungen war es grundsätzlich untersagt, außerhalb der Vormontageflächen und außerhalb des direkten Umfeldes der Turmfundamente zu arbeiten bzw. Material zwischenzulagern. Für die Baustellenlogistik und die Andienung der Montageorte standen zwei Turmdrehkräne mit einer Ausladung von je 80 Metern und einer Spitzenhublast von 5 Tonnen zur Verfügung (Bild 4). Hierüber musste neben dem Material auch das Montagepersonal zum Einbauort befördert werden. Insbesondere für die Herstellung der Türme mit einer Höhe von 70 Metern und 50 Metern mussten die Bauteilabmessungen an die Hublastgrenzen angepasst werden. Dies

5

6

erforderte eine sehr genaue Planung der Abläufe in Abstimmung mit den unterschiedlichen Gewerken.

Überbau

Der Überbau SS80 ist als Vierfeldträger ausgebildet. Die Ausführung als Mehrfeldträger erlaubt, dass die Brücke ohne gesonderten Vorbauschnabel hergestellt werden kann. Lediglich auf den ersten 77 Metern der Brücke wurden anstelle der schweren Fahrbahnplatten leichte, zum Brückengerät zugehörige Koppelträger eingebaut. Eine hydraulische, anstellbare Schnabelspitze erlaubt zudem einen Ausgleich der Kragarmverformungen von bis zu 900 Millimetern.

Die Montage erfolgte nach dem Taktschiebeverfahren in mehreren Verschubtakten. Der längste Verschubtakt lag bei 77 Metern und entsprach der vollen Ausnutzung der zur Verfügung stehenden Länge des Vormontageplatzes. Der Überbau lagerte während der Montage auf Rollenbatterien, welche Bestandteile des Brückensystems sind. Jede Rollenbatterie kann bis zu 400 Tonnen Überbaugewicht aufnehmen. Der Einschub erfolgt in einer Gradiente mit 2,36 Prozent Steigung mit Verschubrichtung zum Hochpunkt hin in erhöhter Lage von ca. 1,10 Metern über der späteren Endlage der Brücke. Der Verschub erfolgte vom Widerlager auf der Seite des Vormontageplatzes mit einem Litzenheber. Die Verschubkraft lag bei maximal 60 Tonnen bei einer Verschubgeschwindigkeit von ca. 8 Metern pro Stunde. Beim letzten Verschubtakt mit 84 Metern Feldlänge wurde die Brückenspitze unter Zuhilfenahme eines 500-Tonnen-Mobilkrans mit Mastabspannung angehoben und parallel mit dem Verschubvorgang über die letzten 25 Meter dann auf dem WL West abgesetzt (Bild 5). Durch diese Maßnahme konnte insbesondere die Beanspruchung des vorletzten Rollenkastens auf die zulässige Größe reduziert werden. Dies war auch erforderlich, um die Untergurtbiegung beim Überrollen außerhalb der Fachwerkknoten auf das zulässige Maß zu vermindern.

Das Abstapeln in den fünf Lagerachsen erfolgte schrittweise nach einer zuvor festgelegten Reihenfolge. Hierbei musste beachtet werden, dass die Lastumlagerungen zu keiner Überschreitung in den Kapazitätsgrenzen der systemgebundenen Geräteteile führten. Wegen der Ausbildung des Gerätes als Durchlaufträger unter Ausnutzung der Grenzspannweiten mussten insbesondere für die Montagezustände modifizierte Knotenzusammensetzungen unter Zuhilfenahme von Sonderteilen ausgebildet werden. Eine weitere Besonderheit war der Einsatz von systemerweiterten Zubehörteilen. Für die Wartung der Brücke wurde an der Unterseite der 84 Meter, 49 Meter und 77 Meter langen Felder jeweils ein fahrbarer Brückenbesichtigungswagen (BBW) installiert (Bild 6). Das östliche, 56 Meter lange Brückenfeld kann zur Wartung mittels Hubsteiger vom Boden aus erreicht werden.

5 Einschub der Brücke in Endlage
6 Besichtigungswagen (BBW)

Die Schienen für die BBW wurden an der Unterseite der seitlichen Gehwegkonsolträger angeklemmt. Die Berücksichtigung der Tragfähigkeit der Konsolen bedeutete zudem, dass die BBW pro Seite mit vierrolligen Fahrbalken ausgestattet werden mussten. Nur dadurch konnte die Radlast auf das erforderliche Maß gesenkt werden. Jeder BBW wird mittels eines fest installierten Stromaggregats elektrisch angetrieben. Die Verfahrgeschwindigkeit liegt bei maximal 20 Metern pro Minute.

Ein besonderes Anliegen stellte für den Bauherrn die Suizidprävention dar. Hierfür wurde der seitlich am Haupttragwerk angehängte Geh- und Radweg vollständig durch einen leichten und verzinkten Übersteigschutz eingehaust. Diese Konstruktion stützt sich nicht auf den Gehwegkonsolen ab, sondern ist statisch am Ober- und Untergurt der Hauptfachwerkträger befestigt (Bild 7).

Die Brückenauflagerung auf den Widerlagern (WL) erfolgte auf der Ostseite wegen der hohen Horizontallasten infolge Verkehr und Rückstellkräften aus den Stützentürmen als Festlager mit einer Sonderkonstruktion an die Kammerwand. Das WL Ost ist noch dazu mit sechs Litzenankern im Baugrund zurückgespannt. Wegen der geringen Steifigkeiten der Türme in Brückenlängsrichtung werden die beiden hohen Stützentürme fest mit dem Brückenüberbau gekoppelt. Das WL West wurde als Loslager mit zusätzlicher Gleitebene ausgebildet, da die zum System zugehörigen Lager nur über einen begrenzten Verschiebeweg verfügen. Wegen der temperaturbedingten, großen Ausdehnung dieser 266 Meter langen Stahlbrücke von +/- 20 Zentimetern wurde auch der Fahrbahnübergang, der als Schleppblech ausgebildet ist, als verlängerte Sonderkonstruktion ausgeführt.

Türme

Für die Herstellung der Hilfstürme als Zwischenauflager für die Brücke waren zunächst umfangreiche Erd- und Felsarbeiten erforderlich. Wegen des zu schützenden Ökosystems konnte nur in einem zuvor genau festge-

7 Übersteigschutz auf beiden Gehwegen
8 Felsabbruch im Steilgelände
9 Montage der Türme

10 Montage der Längsspannlitzen

legten Bereich gearbeitet werden. Die Erdarbeiten als Vorleistungen für die Turmfundamente wurden unter Zuhilfenahme eines Schreitbaggers durchgeführt (Bild 8).

Zunächst mussten der Oberboden und zum Teil verwitterte Felsvorsprünge abgetragen bzw. eingeebnet werden. Am 50 Meter hohen Turm wurden unterhalb des Fundaments 32 Mikropfähle mit ca. 18 Metern Länge eingebracht, das Fundament des 70 Meter hohen Turms wurde mit 6 Litzenankern in den Felsuntergrund rückgeankert.

Nach dem Betonieren der Fundamentblöcke (Länge x Breite x Höhe = 11,00 Meter x 5,00 Meter x 2,30 Meter) wurden die Stahltürme in vorgefertigten 6-Meter-Schüssen mittels Turmdrehkran – optimiert an seine maximale Anhängelast – an ihren Einbauort bewegt (Bild 9). Die Vormontage der Turmschüsse erfolgte in einem Steckrahmen, damit die Schüsse lagerichtig vorbereitet werden konnten. Die in den Turm eingebauten Diagonalverbände reduzieren die Eckmomente und erlauben so, dass die filigrane Konstruktion auch bei 70 Metern Bauhöhe tragfähig ist.

Um die Querlasten am Turmkopf abtragen zu können und um die Querauslenkung zu reduzieren, werden die Turmköpfe der beiden hohen Türme mit jeweils 2 x 4 Litzensträngen in beide Richtungen abgespannt. Jeder Litzenstrang besteht aus 14 Einzellitzen, die vom Turmkopf aus über ein Hüllrohr bis ins Tal zu den Abspannfundamenten geführt wurden. Die Litzenstränge sind bis zu 75 Meter lang.

Während des Bauzustandes und beim Verschub der Brücke über die Stützen erfolgt die Abstützung der Turmköpfe über zwei Längslitzenstränge, die zwischen den Widerlagern gespannt wurden (Bild 10). Über Klemmböcke wurden die Turmköpfe an die bereits vorgespannten Längslitzen angeschlossen, sodass längsgerichtete Kräfte aus Rollreibung von den Längslitzen aufgenommen werden konnten. Im Betriebszustand der Brücke sind diese Längslitzen nicht erforderlich und werden daher von den Turmköpfen entkoppelt. Sie bleiben im gespannten Zustand eingebaut, da sie zum Rückbau der Brücke wieder erforderlich werden.

Schlussbemerkung

Die Echelsbacher Behelfsbrücke ist ein Beweis für die Leistungsfähigkeit der modularen Systembrückengeräte des Bundes, welche durch sinnvolle Ergänzung zusätzlicher Komponenten an die jeweilige Bauaufgabe anpasst werden können.

Martin Seidel, Thomas Stihl, Christoph Prause, Wolfgang Rieger

OBJEKT
Ersatzneubau der Echelsbacher Brücke, Los 2 Behelfsbrücke
STANDORT
Bayern, Oberbayern, im Zuge der B23 zw. Rottenbuch und Bad Bayersoien
BAUZEIT
April 2017 bis Mai 2018
Einsatzzeitraum: 3 Jahre
BAUHERR
Staatliches Bauamt Weilheim, Weilheim
INGENIEURE + ARCHITEKTEN
Planung: Max Streicher GmbH & Co. KG, Deggendorf
Prüfingenieur: Dr. Schütz Ingenieure, Kempten (Allgäu)
AUSFÜHRENDE FIRMEN
Arbeitsgemeinschaft SEH Engineering GmbH, Hannover, und Hermann Assner GmbH & Co. KG, Landsberg/Lech
Stahlbau, Überbau SS80: SEH Engineering GmbH, Hannover

EIN STADTBILDPRÄGENDER BAU ERFINDET SICH NEU – SANIERUNG UND UMBAU DES FINNLANDHAUSES IN HAMBURG

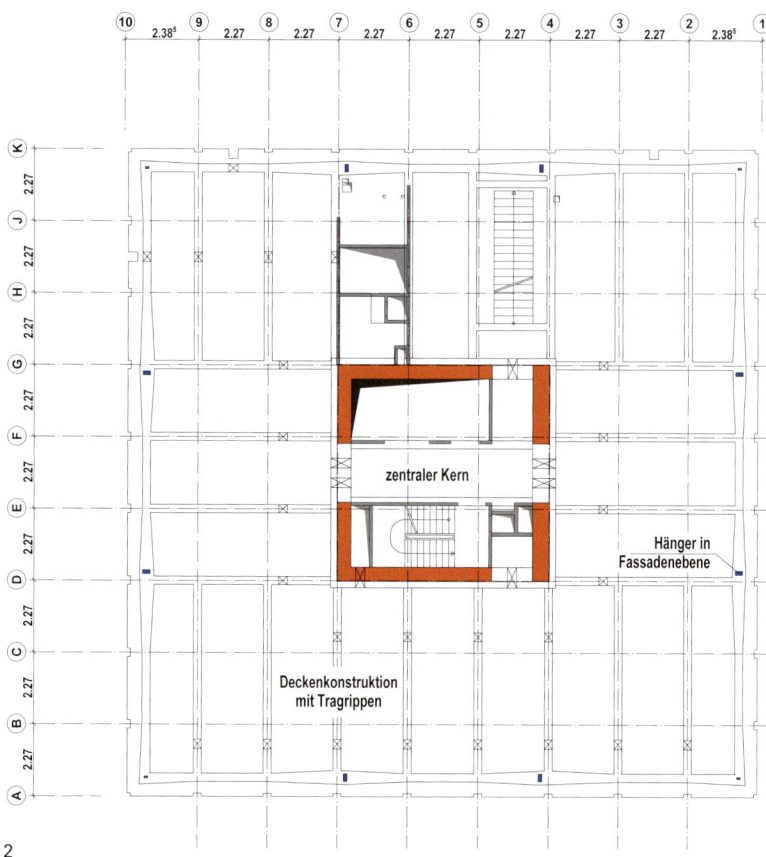

1

2

Das von den Architekten HPP Anfang der 1960er-Jahre geplante stadtbildprägende Finnlandhaus mit seiner besonderen Tragkonstruktion wurde vom gleichen Architekturbüro grundlegend saniert und für die heutigen Anforderungen einer modernen Nutzung denkmalgerecht umgebaut. Das Bauwerk mit seinem spektakulären Tragwerk barg bei den Umbauarbeiten eine Vielzahl von überraschenden Erkenntnissen und Herausforderungen.

Entstehungsgeschichte

Das Gebäude war bei seiner Errichtung Mitte der 1960-Jahre Teil einer umfassenden Neugestaltung der Hamburger Prachtstraße Esplanade. Direkt an der Schnittstelle der Hamburger Innenstadt mit der Binnenalster zur Vorstadt mit der Außenalster gelegen, wurde ein Entwurf mit drei aneinandergereihten Hochhäusern geplant.

Errichtet wurden 1964 das sogenannte BAT-Haus und daneben als zweites Hochhaus u. a. für die Handelsvertretung Finnlands und für Firmen der exportierenden finnischen Industrie das – dann folgerichtig genannte – Finnlandhaus.

Der Bau des dritten Hochhauses mit dem Abriss des alten als Hotel Esplanade errichteten Gebäudes direkt am Stephansplatz war nicht mehr realisierbar.

Konstruktion des Gebäudes

Das insgesamt 14-geschossige Finnlandhaus besitzt einen quadratischen Grundriss mit Außenabmessungen von ca. 21 Meter x 21 Meter. Der Erschließungskern mit zwei Aufzügen und einem Treppenhaus mit Außenabmessungen von ca. 7 Meter x 7 Meter ist mittig angeordnet. Im Erdgeschoss ist ein exzentrisch angeordneter leichter Pavillon in Stahlbauweise vorhanden. Das Untergeschoss besteht aus einem durch drei Raumfugen unterteilten zweigeschossigen Mehrzweckbau, für den eine Nutzung als Bunker vorgesehen war.

Sämtliche Geschossdecken wurden als Rippendecken mit einer Bauhöhe von 55 Zentimetern und einem Deckenspiegel von 10 Zentimetern ausgeführt. Das Ausbauraster beträgt 2,27 Meter. Die Decken sind am Kern umlaufend mit einer Fuge gelenkig aufgelagert und am Rand über insgesamt 12 schlanke Zugglieder im Abstand von ca. 6,8 Meter hochgehangen.

Die Lasten aus den Regelgeschossen werden im obersten Geschoss über eine Spannbetonkonstruktion, bestehend aus vier wandartigen Randbindern und vier über die Kerne verlaufenden Haupttraggliedern auf den aussteifenden Kern zurückgehängt. Das sogenannte Trägergeschoss wurde und wird auch heute nach der Sanierung als Technikfläche genutzt. Der aussteifende Treppenhaus- und Aufzugskern wurde mit höherfestem Be-

Seiten 124/125:
BAT-Haus, Esplace und Finnlandhaus

1 Finnlandhaus
2 Grundriss Regelgeschoss

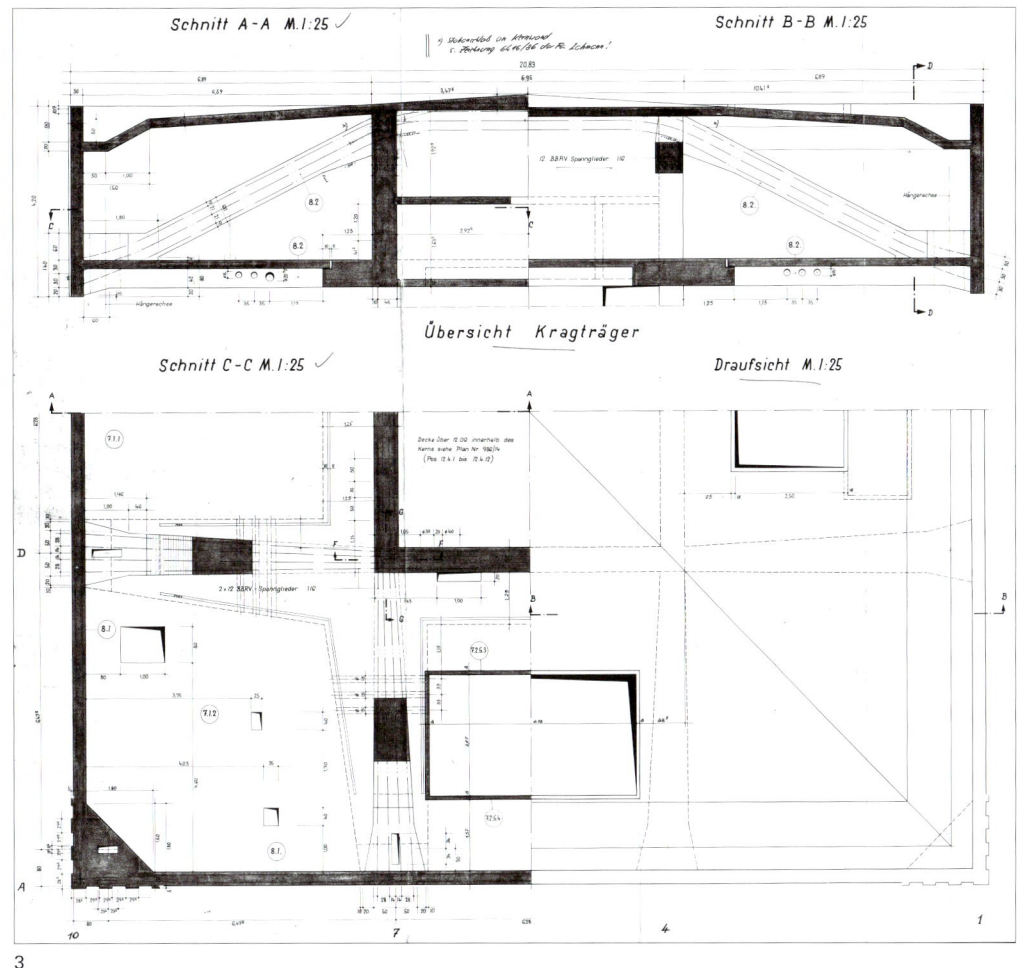

3 Teilgrundriss und Schnitt Trägergeschoss aus dem Jahr 1936
4 Systemschnitt

ton und Wandstärken bis zu 55 Zentimeter hergestellt. Die Gründung des gesamten Gebäudekomplexes wurde als Flachgründung ausgeführt, wobei als Eckpressungen unter dem durch Fugen abgetrennten Gründungskörper des aussteifenden Kerns maximale Bodenpressungen σ_k von etwa 800 Kilonewton pro Quadratmeter zugelassen wurden.

Das ungewöhnliche Tragkonzept ermöglichte die gewünschte Offenheit und optische Verbindung zwischen der Esplanade bzw. der Binnenalster und dem angrenzend an den Bahndamm gelegenen Gustav-Mahler-Park.

Bauablauf 1966

Das Gebäude wurde in logischer Konsequenz zu dem ungewöhnlichen Tragwerkskonzept auch in einer ungewöhnlichen Baureihenfolge errichtet. Nach der Erstellung der Gründung und des unterirdischen Mehrzweckgebäudes wurde der zentrale Treppenhauskern ab Ende 1964 mithilfe einer Kletterschalung vorgezogen errichtet. Für die Betonage des Trägergeschosses mit den vorgespannten Fachwerkbindern und den umlaufenden Außenwänden mit einem Betonvolumen von ca. 440 Kubikmetern wurde ein stählernes Hubgerüst auf Höhe der Decke über dem Untergeschoss vormontiert und bis auf die endgültige Höhe mithilfe von vier Seilwinden in insgesamt drei Hubabschnitten um etwa 43 Meter angehoben.

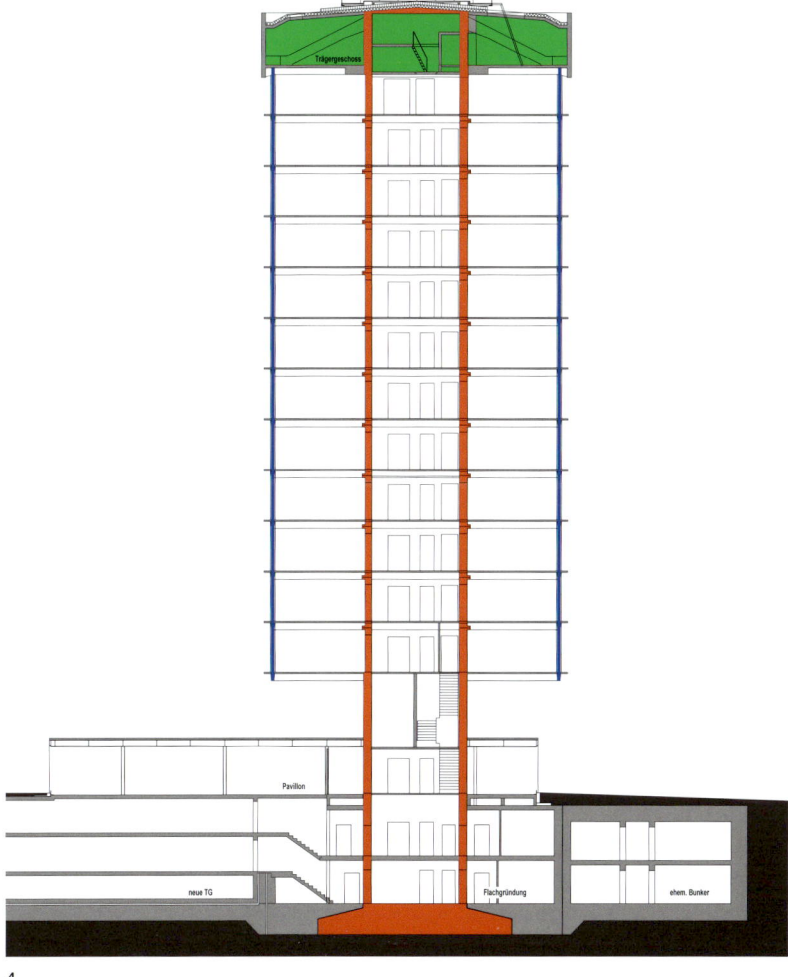

Sanierung und Umbau des Finnlandhauses in Hamburg

5 Historische Fotos des Bauablaufs

Nach der Betonage des Trägergeschosses und dem Vorspannen der Konstruktion wurden die insgesamt 12 Zughänger – konstruiert als Stahlflachblech mit entsprechend der Belastung abgestuften Querschnitten – eingefädelt. Die Montagestöße wurden geschraubt. Nach dem Absenken der Gerüstbühne konnten die Decken geschossweise von oben nach unten betoniert werden. Jede Decke benötigte einschließlich Absenken und Ausrichten der Arbeitsbühne einen Zeitraum von etwa zehn Arbeitstagen. Der gesamte Rohbau war Ende 1965 fertiggestellt.

Umbaumaßnahmen und Bestandserkundung

Im Wesentlichen sollten die Umbaumaßnahmen bei weitestgehend unveränderter Nutzung im Erdgeschoss als Ladenfläche und in den Regelgeschossen als kleinteilig vermietbare Büroflächen für bereichsweise Eigennutzung des Investors folgende Haupteingriffe umfassen. Die gesamte Fassade und die Haustechnik sollten abgebrochen und erneuert werden. Nach Abbruch des Pavillons im Erdgeschoss stand ebenfalls dessen Neubau an. Zusätzlich waren neue Aufzüge einzubauen und als Krönung sollte die Begehbarkeit der Dachfläche realisiert werden.

Vor Beginn der Planung wurden bereichsweise noch unter laufender Nutzung Teile der Deckenkonstruktion freigelegt, um den Erhaltungszustand nach über 50-jähriger ununterbrochener Nutzung feststellen zu können. Dabei ließ sich ein überdurchschnittlich guter Zustand der Stahlbetondeckenkonstruktion dokumentieren. Weitere intensive Bestandserkundungen konnten erst nach Auszug aller Mieter und nach dem Abbruch aller nichttragenden Bauteile und dem Freilegen der Rohbaukonstruktion durchgeführt werden. Es bestätigte sich die Erkenntnis des guten Erhaltungszustandes, wenn auch in einzelnen Bereichen eine mangelhafte Betondeckung oder angerostete Stahlkonstruktionen ersichtlich wurden.

Gravierender war die Erkenntnis über Anrostungen der Spanngliedankerköpfe im Bereich des Trägergeschosses. An mehreren Stellen wurden nach Freilegen der Spannnischen – bedingt durch die Bewitterung der freiliegenden Spannbetonkonstruktion der Außenwände – erhebliche Anrostungen an den außenliegenden Ankerplatten festgestellt. Nach weiterer intensiver Erkundung konnte aber ein ungeschwächter Zustand der eigentlichen Spannlitzen konstatiert werden.

Die Fehlstellen an der Betonkonstruktion wie auch die Anrostungen an der Stahlkonstruktion der Zughänger und der Ankerplatten wurden in einem umfangreichen Schadenskataster aufgenommen, dokumentiert, in drei Schadenskategorien zusammengefasst und im Bauprozess entsprechend den heutigen Bauvorschriften saniert. Grundsätzlich konnte hinsichtlich der Anforderung des

6

8

9

7

10

Brandschutzes für die tragende Konstruktion Bestandsschutz geltend gemacht werden, sodass auf eine Brandschutzverkleidung der tragenden Stahlbetondecken und -rippen verzichtet werden konnte. Zusätzlich wurde das gesamte Gebäude mit einer Sprinklerung geschützt. Der F-90-Schutz der zwölf schlanken Zughänger wurde entsprechend dem Stand der heutigen technischen Regeln durch eine Bekleidung sichergestellt.

6 Freigelegter Kern des Zwischengeschosses
7 Haupttragglieder Trägergeschoss
8 Spanngliedankerkopf
9 Führungsmechanik der Hubplattform
10 Freigelegter Hänger

11 Montage der neuen Fassade
12 Konstruktion des Pavillons

Fassade und Pavillon

Nach dem Freilegen des tragenden Skeletts wurde das Gebäude im Grundriss und im Aufriss vollständig aufgemessen. Hierbei wurden eine Schiefstellung des gesamten Gebäudes von ca. 40 Millimeter gegenüber der Vertikalen und unterschiedlich große Absenkungen einzelner Deckenränder von der planmäßigen Lage in einer Größenordnung von bis zu 60 Millimeter festgestellt. Die Abweichungen mussten bei der weiteren Planung der Fassade berücksichtigt und ausgemittelt werden. Dadurch ergaben sich abweichend von der ursprünglichen Planung bereichsweise erheblich größere Abstände der Fassade und ihrer Verankerung bezogen auf den vorhandenen Rohbau.

Generell wurde die Aufnahme und die Weiterleitung der Mehrlasten der neuen, erheblich schwereren Fassadenkonstruktion mit einem Gewicht von ca. 110 Kilogramm pro Quadratmeter über eine Reduzierung der Nutzlasten von 5,0 auf 3,5 Kilonewton pro Quadratmeter möglich gemacht. Allerdings mussten aufgrund mangelnder Tragfähigkeit der schlanken Deckenvorderkanten in einzelnen Bereichen verstärkte Verankerungskonstruktionen für die neue Fassade vorgesehen werden.

Der eingeschossige, etwa 550 Quadratmeter große Pavillon wurde aufgrund einer für die heutige Nutzung nicht ausreichenden Konstruktion abgebrochen und nach Forderung des Denkmalschutzes in gleicher Konstruktionsart als Stahlkonstruktion mit einer aufliegenden Stahlbetonplatte und insgesamt nur acht tragenden Innenstützen neu errichtet. Als Mieter für das Erdgeschoss konnte ein besonderes Designgeschäft gefunden werden, dessen Verkaufsexponate dem gesamten Ensemble eine besondere Anmutung verleihen. Allerdings ist die im Ursprungsentwurf gegebene optische Durchlässigkeit aufgrund der für die Ladennutzung erforderlichen Einbauten nicht mehr vollständig gegeben.

Als weithin sichtbares Erkennungszeichen leuchtet das denkmalgerecht aufgearbeitete und neu vergoldete Signet mit dem finnischen Löwen in alle vier Himmelsrichtungen. Die vormals freiliegenden wandartigen Spannbetonwandträger wurden gedämmt und verkleidet. Bei der Planung und dem Einbau aller Verankerungen sowohl für die neue Verkleidung außenseitig als auch für die haustechnischen Geräte und Leitungen innenseitig waren die Restriktionsflächen aus der Spanngliedführung zwingend zu beachten. Hierauf musste auch noch während des Bauablaufs mehrfach und eindrücklich hingewiesen werden.

Haustechnik und Ausbau

Die vorhandene Deckenkonstruktion war im Bestand bereits mit einer Vielzahl von Durchführungen in den tragenden Rippen versehen. Für die Anforderungen aus

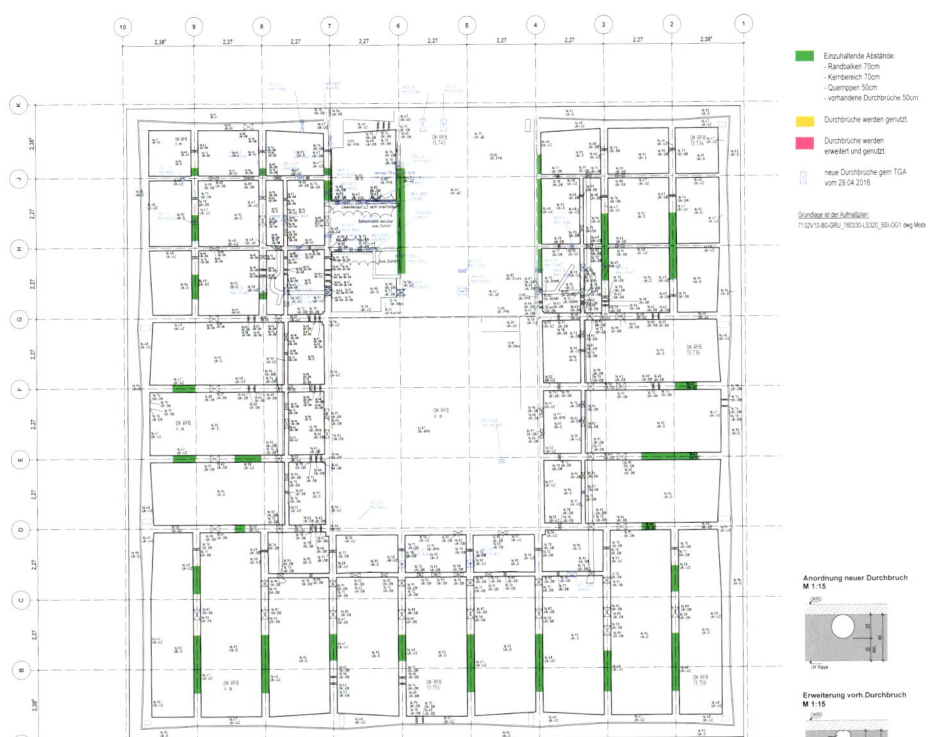

13 Übersichtsplan zur Durchbruchsplanung
14 Rippendecke
15 Ehemalige Schachtwand
16 Zugang zur Dachterrasse

der neu einzubauenden Haustechnik waren diese Durchführungen aber nicht immer passend und auch in der vorhandenen Anzahl nicht ausreichend. Ein Verziehen der Leitungen unterhalb der Rippen war aufgrund der geforderten lichten Raumhöhe nicht möglich. So blieb nur die genaue Erfassung der Kernbohrungen im Bestand durch ein umfassendes Aufmaß und die rechnerische Überprüfung der Deckenkonstruktion hinsichtlich der Möglichkeiten neuer Kernbohrungen. Dazu wurden für alle Geschosse entsprechende Übersichtspläne angefertigt.

Der gesamte Gebäudeentwurf war in der damaligen Planung sehr platzsparend ausgelegt. Indem die Erkenntnis teilweise erst während des Bauablaufes gewonnen wurde, waren die Architekten und die Fachingenieure an vielen Stellen gefordert, z. B. bei Treppenbreiten und -steigungen oder Wandstärken. Es mussten baubegleitend zahlreiche Sonderlösungen entwickelt werden, um die heutigen Anforderungen einhalten zu können.

Durch den Investor des Finnlandhauses wurde parallel zur Sanierung des Bestandsgebäudes nach Teilabbruch des westlich angrenzenden Mehrzweckgebäudes nun auch das dritte Hochhaus – das „Esplace" – errichtet. Dieses konnte nach intensiver und langer Diskussion mit den genehmigenden Behörden zwischen den beiden Bestandshochhäusern platziert werden. Diese in ingenieurtechnischer Hinsicht ebenfalls herausfordernde Aufgabe mit weiteren besonderen Ingenieurthemen gehört jedoch zu einem anderen Projekt.

Schlussbemerkung

Das Finnlandhaus steht als besonders gelungenes Beispiel für die fruchtbare Zusammenarbeit zwischen Architekt und Fachingenieuren sowohl während der Ursprungsplanung als auch während der intensiven Zeit der Planung für die Sanierungs- und Umbauarbeiten.

Werner Nagel, Agnes Ludwikowski

OBJEKT
Sanierung und Umbau Finnlandhaus
STANDORT
Hamburg Innenstadt
BAUZEIT
1964–1966 / 2016–2017
BAUHERR
Dieter Becken
ARCHITEKTEN + INGENIEURE
URSPRUNGSBAU 1966
Objektplanung:
HPP Architekten
Tragwerksplanung:
Leonhardt und Andrä
Bauausführung Rohbau:
Fa. Lahmann & Co.
SANIERUNG + UMBAU 2017
Objektplanung:
HPP Architekten, Hamburg
Tragwerksplanung:
Ingenieurbüro Dr. Binnewies, Hamburg
Haustechnikplanung:
IG-Tech, Hamburg
BAUAUSFÜHRUNG UMBAU
Rohbau: Fa. Urbach, Hamburg
Fassade: Fa. Sommer, Döhlau

BEWAHRUNG DER ÄLTESTEN KULTSTÄTTE DER MENSCHHEIT – EIN SCHUTZDACH FÜR DEN GÖBEKLI TEPE

Nahe der türkischen Stadt Şanlıurfa auf einer markanten Hügelkette erhebt sich der gewaltige Ruinenhügel von Göbekli Tepe, bestehend aus monumentalen Ritualbauten, deren Entstehung bis in das 10. Jh. v. Chr. reicht. Hierfür musste eine Schutzvorrichtung erstellt werden, um diese Zeugnisse der Menschheit vor Witterungs- und sonstigen ihnen zusetzenden Einflüssen zu sichern. Das diesem Zweck dienende neue, filigrane Schutzdach ist dabei eingebettet in ein Gelände globaler geschichtlicher Bedeutung und wird daher im Mittelpunkt des öffentlichen Interesses und unter ständiger Beobachtung stehen. Ausgezeichnet mit dem ersten Preis eines konkurrierenden Gutachterverfahrens des Deutschen Archäologischen Instituts wurde dem Team aus Architekten und Tragwerksplanern diese außergewöhnliche Entwurfsaufgabe übertragen.

Der in der Region Obermesopotamien gelegene steinzeitliche Siedlungshügel von Göbekli Tepe wird seit Mitte der 1990er-Jahre durch das Deutsche Archäologische Institut in Zusammenarbeit mit dem Museum Şanlıurfa ergraben. Die Kuppe ist durch schichtweises Überlagern der frühen Siedlungshorizonte zur heutigen Topografie gewachsen. Bis zu 12.000 Jahre alte megalithische, mit Skulpturen und Reliefs ausgestattete Kreisanlagen wurden bisher in großen Teilen freigelegt. Deren gewaltige, bis zu 6 Meter hohe und bis zu 20 Tonnen schwere Steinstelen reichen zum Teil bis auf den natürlichen Fels hinunter.

Die monumentalen Anlagen kennzeichnen den Ort als rituelles Zentrum für eine scheinbar großräumig vernetzte jägerische Bevölkerung und lassen die Umbrüche zur Sesshaftigkeit in einem neuen Licht erscheinen.

Aufgabenstellung

Aufgabe für die Architekten Kleyer Koblitz und die Tragwerksplaner des Ingenieurbüros EiSat war es, das Ausgrabungsareal als Denkmal der Menschheitsgeschichte und UNESCO-Weltkulturerbe vor Witterungseinflüssen zu schützen. Die Überdachung sollte nicht nur den Bedürfnissen der weiteren Dokumentation, Konservierung und Forschung gerecht werden, sondern auch als Teil eines zukünftigen Archäologieparks die Entwicklung eines nachhaltigen Tourismuskonzepts unterstützen. Bei der Tragwerksentwicklung stellte sich zusätzlich die vorgegebene kleine Anzahl von unregelmäßigen Gründungspunkten als besondere Aufgabenstellung dar. Die Grabungsstelle liegt zudem in einer Zone leichter seismischer Aktivität.

Entwurf und Gestaltung

Die Zielstellung für den Entwurf bestand darin, die Kultstätte mit einem entsprechenden Dach auszustatten. Das bedeutete aus Sicht der Planer, das gesamte Ensemble abzudecken und die vier freigelegten Steinkreise ohne störende Mittelstützen zu überdachen, um die

Seiten 132/133:
Rendering des Entwurfs

1 Der Ort und seine vier Maßstäbe: die Landschaft, die Steinkreise, die Stele und das Relief
2 Lageplan rund um das Schutzdach
3 Überblick über die Grabungsfelder am Göbekli Tepe

4
5

räumliche Zusammensetzung des Areals darzustellen. Intention war es, die Besucher möglichst nah an die T-förmigen Stelen zu führen, ohne dabei eine gewisse Schutzdistanz zu unterschreiten. Die historischen Artefakte sollten eine gute, kontemplative Beleuchtung und natürliche Belüftung erhalten. Es wurde angestrebt, eine Leichtbaustruktur zu errichten, die sich symbiotisch in die Topografie einfügt und für ausgewählte Landschaftsansichten sorgt.

Das Schutzdach ist so konzipiert, dass es als abstrakte Großform erkennbar ist und alle einzelnen Strukturelemente weitestgehend in den Hintergrund treten. Als Grundform wurde eine Ellipse gewählt, welche die vier Steinkreise bestmöglich abdeckt und schützt. In der dritten Dimension ist diese Ellipse in zwei Achsen gegenläufig gekrümmt. Die resultierende antiklastische Oberfläche fügt sich in die Beckentopografie von Göbekli Tepe ein, erlaubt aber dennoch einen seitlichen Blick auf die Außenlandschaft. Formal sichtbar besteht die Struktur aus drei Elementen: der Dachhaut selbst, den schrägen Dachwerkstreben und der Stegebene, welche die Ausgrabungen einschließt.

Konstruktion

Die Dachhaut wurde durch ein vorgespanntes Membrantragwerk realisiert, welches die äußeren Lasten wirtschaftlich und gewichtsparend abträgt. Das sattelförmige, spannseilunterstützte Flächentragwerk hat eine Spannweite von 37 x 45 Meter bei einer Stichhöhe von etwa 7 Metern. Für die Membran kam ein robustes und selbstreinigendes Glasfasergewebe mit PTFE-Beschichtung und für das Seilnetz ein galvanisch verzinktes Seil zum Einsatz. Als Grundlage für die Ermittlung der Beanspruchungen aus Wind wurden aufgrund der besonderen Dach- und Geländetopografie Windkanaltests durchgeführt – inklusive Variantenstudien für die optional geschlossene Wetterseite der Fassade. Der Vorspanngrad der Last- und Tragseile wurde so gewählt, dass die der Einwirkung abgewandten Seile auch unter maximaler Last nicht schlaff werden.

Das Membrandach schließt an einen umlaufenden, elliptischen Dachringträger auf schräggestellten Stahlstützen an. Dieser Druckring als aufgelöster Dreigurtfachwerkträger folgt der Dachform des hyperbolischen Paraboloids. Die harmonische Anordnung seiner Radial- und Diagonalstreben ist Ergebnis einer parametrischen Entwicklung. Die Dachkonstruktion ist auf einem ebenfalls elliptischen, umlaufenden Besuchersteg aufgeständert. Die Besucher-Stegebene folgt dem auf- und abschwingenden Geländeverlauf.

Die wenigen und sehr unregelmäßigen Gründungsstellen in der Grabungsstätte im Zusammenhang mit der teilweise großen Tiefe bis zum tragfähigen Felsgestein stellten eine große Herausforderung für die Tragwerks-

4 Stützenfußverankerung am Gründungspunkt
5 Errichtung der Stegträgerebene. Nutzung des älteren, temporären Holzdaches als Schutz- und Montagebühne

6 Modell der Gesamtkonstruktion

7 Fertiggestellte Primärkonstruktion mit vormontierter Tragseillage

8 Ebenen Gliederung der Konstruktion

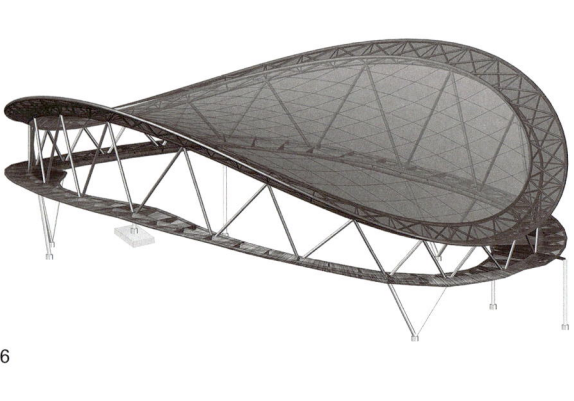

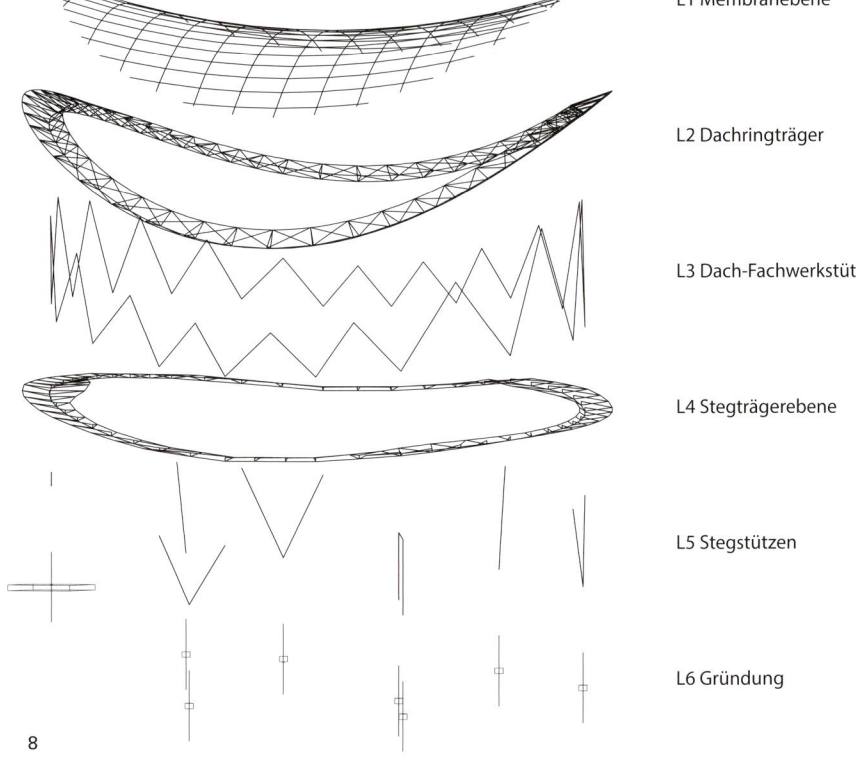

L1 Membranebene

L2 Dachringträger

L3 Dach-Fachwerkstützen

L4 Stegträgerebene

L5 Stegstützen

L6 Gründung

planung dar. Die Ellipsenform des Bauwerks sowie die teilweise nach innen verformte Lage des Besuchersteges wurden so gewählt, dass möglichst viele der vorgegebenen Gründungspunkte aufgenommen werden konnten. Diese Geometrie wurde in Abstimmung mit den Archäologen im Rahmen der Vorentwurfs- und Entwurfsplanung – von den parallel laufenden Grabungskampagnen begleitet – iterativ angepasst. Es verblieben allerdings freitragende Bereiche von bis zu 20 Metern zwischen den Stützungspunkten. Aufgrund der großen Spannweiten und Exzentrizitäten wurde die Konstruktion des Stegs im Zusammenhang mit dem Dachring grundsätzlich als vertikaler „Tragring" in Form eines gekrümmten Fachwerkträgers konzipiert. Der Fachwerkträger hat seinen Obergurt in der Dachebene (Ebene L2) und seinen Untergurt in der Stegebene (Ebene L4). Die umlaufenden Gurte sind durch Schrägstreben (Ebene L3) verbunden und entwickeln eine räumliche Tragwirkung. Der gesamte „Tragring" ist auf den unregelmäßig angeordneten Gründungspunkten aufgeständert.

Horizontalkräfte aus der Dach- und Fassadenebene werden optimal durch die im Grundriss entlang einer gekrümmten Linie angeordneten Schrägstreben nach unten in die Stegebene abgeleitet. Die Aufständerungshöhe des Stegs in Bezug auf die Felsoberkante, welche die Gründungsebene darstellt, beträgt bis etwa 8 Meter. Die Aufnahme und Ableitung der Horizontallasten erfolgt durch V-förmig angeordnete Stützenpaare (Ebene

9 Ungestörte Sicht vom Besuchersteg auf die frei überspannten vier Ringanlagen der Ausgrabungsstätte
10 Blick nach außen in die Ebene des fruchtbaren Halbmondes. An der Westflanke wurden Membransegel zur Minimierung des Regeneintrages angebracht.
11 Teilansicht Besuchersteg-Ebene

Ein Schutzdach für den Göbekli Tepe 137

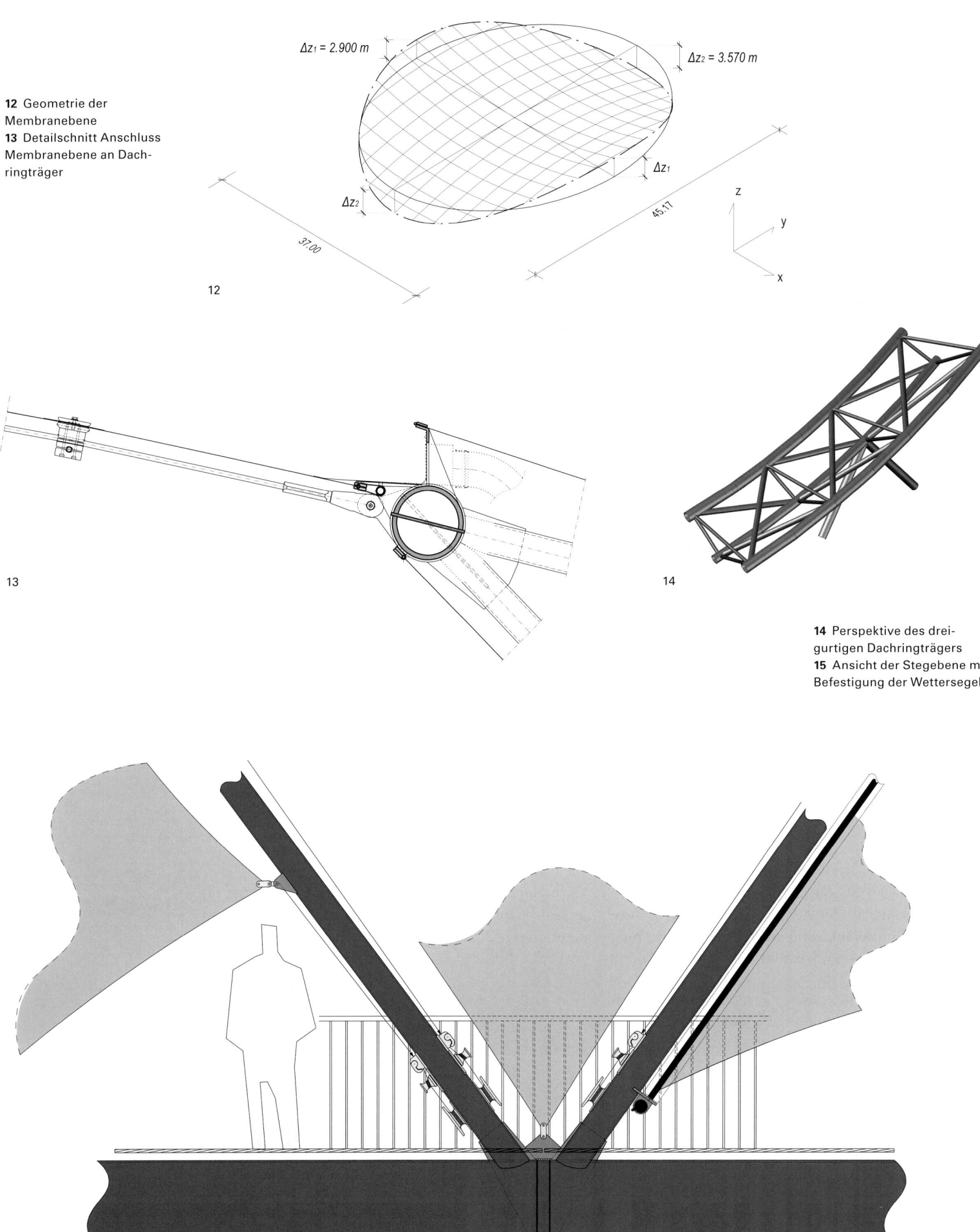

12 Geometrie der Membranebene
13 Detailschnitt Anschluss Membranebene an Dachringträger
14 Perspektive des dreigurtigen Dachringträgers
15 Ansicht der Stegebene mit Befestigung der Wettersegel

16 Das Schutzdach fügt sich in die Topografie der Bergkuppe des Göbekli Tepe ein.

L5). Die planmäßig großen Winkelverformungen in den Anschlusspunkten der Gründungsstützen wurden durch Gabelkopfverbindungen aufgenommen. Die Ausrichtung der Gabelköpfe erfolgte entlang der Hauptbewegungsrichtung des jeweiligen Verbindungspunktes.

Für die vertikale Lastabtragung (Druck/Zug) in den Felshorizont wurden Ortbetonbohrpfähle mit Durchmessern von 305 Millimetern vorgesehen. Pfähle dieses Durchmessers konnten bei den hier vorliegenden, schwierigen Geländeverhältnissen noch mit Kleinbohrgerät realisiert werden. Für den Eintrag der Horizontalkomponenten wurde im oberen Schaftbereich eine Kopfaufweitung geplant. An der Westflanke war aufgrund der Befundlage eine Verankerung auf Felsniveau nicht möglich. Hier wurde in enger Abstimmung mit den verantwortlichen Archäologen und dem Baugrundexperten eine Flachgründung als „Polsterfundament" auf dem Lössboden geplant. Da aus den Beanspruchungen an diesem Gründungspunkt Zug- und Druckkräfte sowie Bewegungen in x- und y-Richtung resultieren, wurde ein allseits bewegliches Kalottenlager mit Zugsicherung vorgesehen.

Montage/Arbeitsbühne

Neben der bekannten Notwendigkeit, mit äußerster Vorsicht beim Bauen im nahen Umfeld der einmaligen archäologischen Situation auf dem Göbekli Tepe vorzugehen, war zudem auch die Topografie vor Ort schwierig: Das Gelände ist sehr uneben und die benachbarten Bereiche des Hügels sind archäologisch wertvolle, steinzeitliche Aufschüttungen und daher nur mit Schutzvorkehrungen belast- und befahrbar. Diese Areale wurden aufwendig gesichert und vor dem Eindringen fremder Stoffe geschützt. Die Planung des als Stabwerk aufgelösten Stahltragwerks hatte neben der relativen Leichtigkeit das Ziel, eine möglichst einfache abschnittsweise Montage unter den schwierigen Bedingungen vor Ort zu ermöglichen.

Dem eigentlichen Bauvorhaben wurde die Errichtung eines – ebenfalls durch das Planungsteam konzipierten – temporären Schutzdaches in Holzbauweise vorangestellt. Das Schutzdach überdeckte nahezu den gesamten Bereich der Ausgrabungsstätte und konnte gleichzeitig als leichte Arbeitsbühne genutzt werden.

Anschließend an das bereits in 2010/11 durchgeführte Gutachterverfahren wurden den Architekten und Ingenieuren alle Planungsleistungen bis zur Vorbereitung der Vergabe übertragen. Die Werk- und Montageplanung, die Ausführung sowie die bauherrenseitige Bauleitung erfolgten durch türkische Konsortien.

Jan Mommert

OBJEKT
Schutzdach für die Ausgrabungsstelle „Göbekli Tepe"
STANDORT
Provinz Şanlıurfa, Türkei
BAUZEIT
2017
AUFTRAGGEBER
Deutsches Archäologisches Institut
INGENIEURE + ARCHITEKTEN
Architekt:
kleyer.koblitz.letzel.freivogel Gesellschaft von Architekten mbH, Berlin
Tragwerksplaner:
Ingenieurbüro EiSat GmbH, Berlin

DIE SCHWINGEN DES PHÖNIX – DAS GLASDACH DER JINJI LAKE MALL IN SUZHOU

Die Jinji Lake Mall bildet das Zentrum des neuen Jinji Lake Distrikts in der Provinz Jiangsu in China. schlaich bergermann partner Shanghai hat gemeinsam mit Benoy Architects an dem skulpturalen Glasdach gearbeitet, das die beiden Hauptbereiche des Einkaufscenters überdacht und in seiner Form an die Schwingen eines Phönix erinnert.

Das 290.000 Quadratmeter große Einkaufs- und Unterhaltungszentrum mit eigener U-Bahn-Station ist das Herzstück der Stadtentwicklung am Ufer des Jinji Lake im chinesischen Suzhou. Aufgrund der umliegenden Wolkenkratzer war das Erscheinungsbild des Daches als „fünfte Fassade" von großer Bedeutung. Als Ergebnis ist nun ein durchgängiges, 35.000 Quadratmeter großes Glasdach entstanden, das die vier einzelnen Gebäude miteinander verbindet.

Entwurfsgrundlage und Tragwerk

schlaich bergermann partner wurde mit der Tragwerksplanung des Daches beauftragt, dessen Form von den aufgespannten Flügeln eines Phönix inspiriert ist. Die Herausforderung bestand darin, dass das Dach fugenlos über den 400 Meter langen Komplex spannt und trotzdem den großen Relativverschiebungen aus Temperatur- und Erdbebeneinwirkungen standhalten muss (Bild 1). Entstanden ist eine 35.000 Quadratmeter große, komplett fugenlose, freigeformte Netzschale (Bild 2).

Dafür wurde eine aufgrund ihrer Flexibilität vorteilhafte regelmäßige Viereckstruktur mittels eigens entwickelter Modellierungsmethoden gefunden. Der digitale Entwurfsprozess ermöglichte die gekoppelte Optimierung von Netz und Tragwerk hin zu einer harmonischen und zugleich filigranen Struktur.

Der geometrischen Entwicklung der Form, ihrer statischen Analyse und ihrer mathematischen Optimierung lag ein vereinheitlichter digitaler Arbeitsablauf zugrunde. „Subdivision surface modelling" stand im Mittelpunkt dieses automatisierten Prozesses, auf dessen Basis geometrische wie statische Kriterien in einem Zuge optimiert werden. „Subdivision surfaces" ermöglichen die Beschreibung von Freiformflächen durch einfache Vorgabe eines grob aufgelösten Steuernetzes (Bild 3).

Die parametrischen Abhängigkeiten zwischen Grobnetz und Zielfläche wurden genutzt, um anhand von Formoptimierung statisch optimale Geometrien direkt am voll detaillierten Finite-Elemente-(FE)-Modell zu ermitteln. Dies ermöglichte eine freiere Wahl von Optimierungskriterien. Im Gegensatz zu klassischen Formfindungsmethoden konnte dadurch sichergestellt werden, dass die Knotenpunkte des Netzes stets auf einer krümmungsstetigen Oberfläche liegen.

1 Vogelperspektive des Daches, das die darunterliegenden Gebäude eint
2 Ausschnitt aus dem überhängenden Bereich des Glasdaches
3 Iterativ verfeinertes Netz – In mehreren Teilungsschritten wird die Form immer detaillierter.

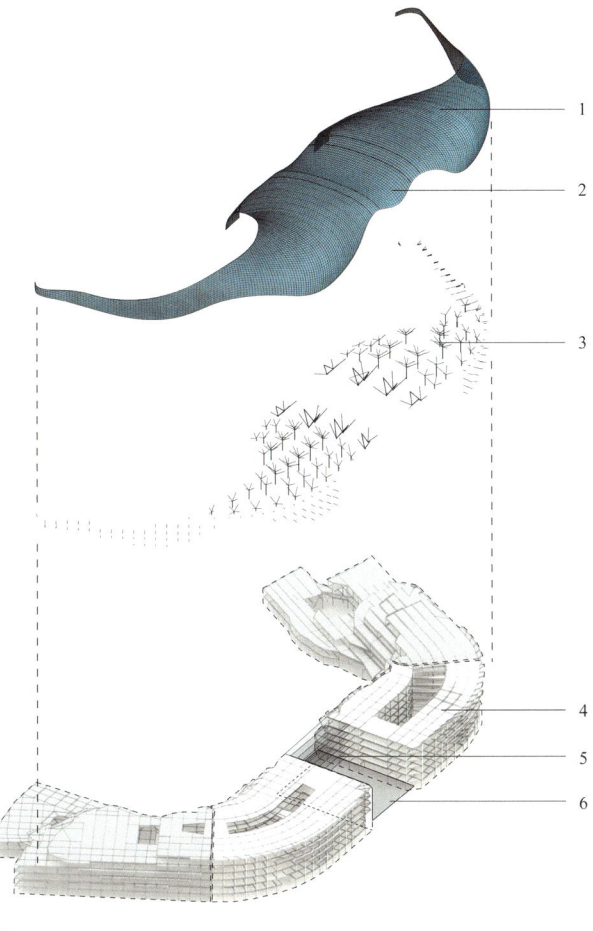

4

4 Isometrie
Legende:
1 Gitternetz
2 Hängeform über dem Atrium
3 Baumstützen
4 Vier statisch autonome Gebäude
5 Verbindungsbrücken
6 Innenhof

5 Das Glasdach über dem zentralen Atrium

6 Die Stahlunterkonstruktion wurde statisch optimiert, sodass sie möglichst geringe Eigenlasten aufweist.

5

6

Statische Grundlagen

Aufgrund der Lage in einem stark gefährdeten Erdbebengebiet ergaben sich aus der Lagerung auf vier unabhängig voneinander gegründeten Bauwerken besondere Anforderungen an das statische Modell. Gleichzeitig war allen Beteiligten das homogene, ununterbrochene Erscheinungsbild der Glasfläche wichtig, da sonst die Schwingen des Phönix unkenntlich geworden wären. Folglich musste das Tragwerk über eine Länge von 600 Metern, große Dehnwege sowie die beträchtlichen Relativverschiebungen der seismisch agitierten Gebäude völlig fugenlos beherrschen.

schlaich bergermann partner entwickelte ein statisches System, welches unempfindlicher gegenüber Verformung ist und gleichzeitig die Lasten sicher abträgt (Bild 4). Das gewählte flexible Viereckntz ist hierfür geeignet, da es die Verformungen durch Veränderungen der Innenwinkel in der Netzfläche aufnehmen kann. Schlanke Stützen im Abstand von 15 bis 25 Metern verzweigen sich baumartig zur Dachebene, um dort die Spannweiten des Netzes auf 9 Meter zu reduzieren. Über dem zentralen Atrium ist das Netz als Hängeform mit ca. 60 Metern Spannweite ausgebildet (Bild 5). Für die Hauptachsen betrugen die Abmessungen der Rechteckprofile 120 Millimeter x 350 Millimeter. In den restlichen Bereichen des Rasters waren mit 120 Millimeter x 250 Millimeter sogar schlankere Querschnitte möglich.

Das Glasdach der Jinji Lake Mall in Suzhou 143

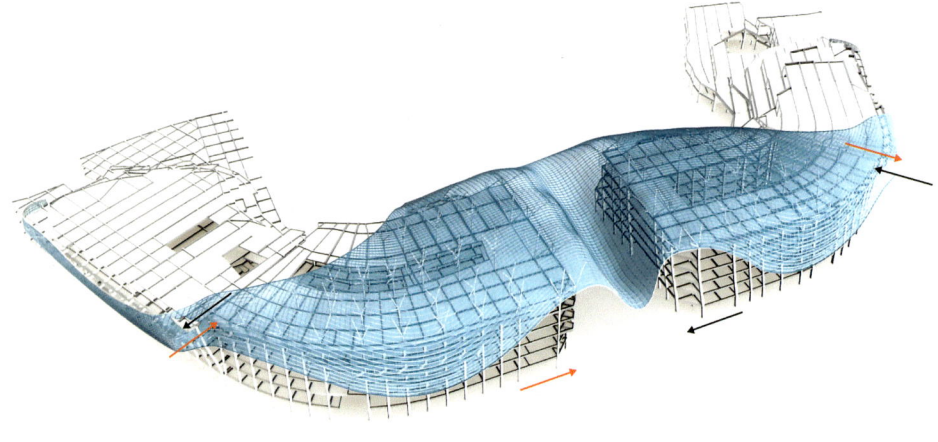

7

7 Überhöhte Verformung im seltenen Erdbebenfall. Deutlich zu erkennen sind die Relativverschiebungen benachbarter Gebäude.
8 Paneelgruppierung
links: Teil der mittleren Hängeform
Mitte: Clustering – Paneele gleicher Farbe sind geometrisch identisch
rechts: Fugenbreiten bewegen sich innerhalb statisch und konstruktiv bestimmter Toleranzen, normalerweise 3–6 Zentimeter.

9 Baumartige Stützen tragen das weltweit größte freigeformte Glasdach.

Seite 145:
10 Die Mall sticht durch die eindrucksvolle Dachgestaltung aus der umgebenden Bebauung heraus.

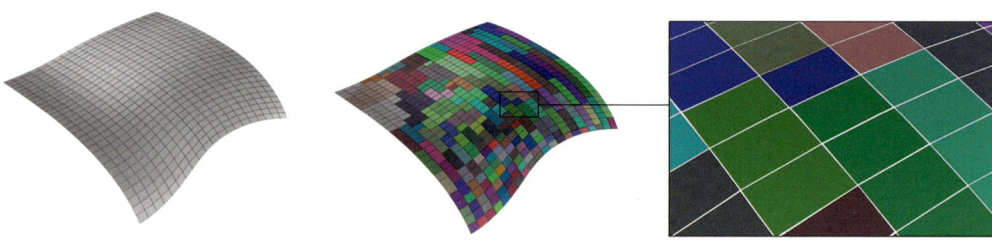

8

Die Windlasten in den vertikalen Dachabschnitten werden über horizontale Pendelstützen in die Decken der Massivbauten eingeleitet, was thermische Dehnungen zwängungsfrei zulässt.

Kombinierte geometrische und statische Optimierung

Die gleichzeitige statische und geometrische Optimierung konnte inhouse mithilfe von speziell hierfür entwickelter Software erreicht werden. Sie stellt eine automatisierte Feedbackschleife zwischen den in Grasshopper parametrisierten Modellen und Sofistik (FE-Software) her. Die Steuerung dieser Schleife wurde einem mathematischen Optimierer überlassen. So ließen sich, basierend auf den Ergebnissen der FE-Berechnung, optimale Parameterkonfigurationen finden.

Statische Berechnung für den Sonderfall Erdbeben

Erdbeben stellten den bestimmenden Lastfall dar. Die vergleichsweise flexiblen Einzelgebäude mussten im statischen Modell detailtreu abgebildet werden, um maßgebende Relativverschiebungen zu ermitteln (Bild 7). Nach chinesischer Norm mussten die verschiedenen Nachweise für „häufige", „moderate" und „seltene" Erdbeben mit jeweils unterschiedlichen Kriterien erbracht werden. Die Resultate des normalen Antwortspektrums mussten anhand einer Time-History-Analyse verifiziert

9

10

werden. Unter Berücksichtigung dieser Kriterien wurden die Querschnitte der über 20.000 Stabelemente und 11.000 Knotenpunkte mittels eines eigenen Algorithmus optimiert. Gemeinsam mit der geometrischen Optimierung konnte eine Reduktion der verteilten Stahlmasse auf 60 Kilogramm pro Quadratmeter erreicht werden.

Paneelgruppierung

Freiformfassaden weisen oft einen geringen Wiederholungsgrad an baugleichen Elementen auf. Dieser bietet jedoch ökonomische Vorteile, eine rationale Herstellung und vereinfachte Baustellenabläufe. Geometrisch ähnliche Netzflächen wurden folglich gruppiert und jeder Gruppe ein einzelnes Paneel zugewiesen (Bild 8). Jedes dieser Paneele wurde dann auf alle seiner Gruppe zugehörigen Flächen gelegt, was zu unterschiedlichen Fugenbreiten zwischen benachbarten Paneelen führte.

Die minimal und maximal zulässige Breite dieser Fugen war die bestimmende Randbedingung bei der Gruppierung der Flächen. Die erlaubten Fugenbreiten wurden anhand konstruktiver Anforderungen und statischer Berechnungen ermittelt: Da sich die Innenwinkel der Stahlrahmen unter Last verändern würden, musste die entstehende Verformung bei der Dimensionierung der Fugen zwischen den Glasflächen berücksichtigt werden. So konnte dem Kontakt zweier Glasflächen vorgebeugt werden. Die benötigten Abstände wurden für alle GZG-Lastkombinationen – auch die seismischen – ermittelt. Nur im seltenen Erdbebenfall mit einer Wiederkehrperiode von 2000 Jahren wird überhaupt eine Beschädigung des Glases zugelassen, bei der die Tragfähigkeit jedoch immer noch gewährleistet bliebe.

Mit diesen Fugentoleranzen ließ sich die Anzahl einzigartiger Scheiben signifikant reduzieren. Beispielsweise wurde die Menge der Unikate im zentralen Hängedach auf etwa ein Zehntel der Netzflächen reduziert, mit einer Wiederholungsrate einzelner Paneele von bis zu 60 Stück.

Ausblick

Dank des beschriebenen Arbeitsablaufs konnte architektonische Intuition mit tragwerksplanerischer Motivation in Deckung gebracht werden. Individuelle Expertise kombiniert mit dem Blick auf das große Ganze ergab eine Lösung, die das Projekt erst realisierbar machte. Das Ergebnis spiegelt die fruchtbare Zusammenarbeit zwischen Bauherr, Architekt und Tragwerksplaner wider.

Sven Plieninger, Wei Chen, Jörg Mühlberger, Daniel Gebreiter

OBJEKT
Glasdach als Netzschale über der Jinji Lake Mall
STANDORT
Suzhou, China
BAUZEIT
2012–2017
BAUHERR
Suzhou Jinhui Real Estate Development Co., Ltd.
INGENIEURE + ARCHITEKTEN
Ingenieure: schlaich bergermann partner, Stuttgart/Shanghai
Architekten: Benoy Architects Ltd., Hong Kong
AUSFÜHRENDE FIRMEN
Local design institute Suzhou Industrial Park Design and Research Institute, China
AUSZEICHNUNGEN
Award an Benoy Ltd.:
Asia Pacific Property Award 2016, Highly Commended, Category Retail Architecture in China

ENERGIEKONZEPTE ALS WESENTLICHER BESTANDTEIL NACHHALTIGEN BAUENS

2

3

Seite 146:
1 Ansicht von R128 bei Nacht: Gut sichtbar sind die Zu- und Ableitungen für die Versorgung mit Strom, Wasser und Frischluft.

2 Innenansicht von R128: Die in die Deckenpaneele integrierten Kupferrohre sind wichtiger Bestandteil des Heiz- und Kühlsystems.

3 Ansicht von D10: Das weit auskragende Dach ist wichtiger Bestandteil des Energiekonzepts.

Durch Entwurf und Planung von Tragwerk und Fassade nehmen Ingenieure großen Einfluss auf das Erscheinungsbild und die Funktionalität unserer gebauten Umwelt. Ein dritter Faktor mit ebenfalls entscheidender Bedeutung für die Qualität eines Gebäudes – der für den außenstehenden Betrachter aber häufig im Verborgenen bleibt – ist die energetische und bauphysikalische „Performance". Die Integration dieser Aspekte in den Entwurfs- und Planungsprozess hat in den vergangenen zwei Jahrzehnten zwar große Fortschritte erzielt, bedarf aber noch umfangreicher Anstrengungen aller Beteiligten, damit nachhaltiges Bauen tatsächlich zur Selbstverständlichkeit wird. Die Planungsdisziplinen Nachhaltigkeit, Energiedesign und Bauphysik sind hierfür von entscheidender Bedeutung. Bislang spielen im Entwurfsprozess neben Wirtschaftlichkeitsüberlegungen vor allem die Architektur, das Tragwerk und die Fassadengestaltung die Hauptrollen. Ein Umdenken bei allen Beteiligten ist ebenso wie ein umfassenderer Planungsansatz dringend erforderlich.

Der vorliegende Beitrag zeigt anhand ausgewählter Beispielprojekte auf, welche Energiekonzepte in den letzten zwei Jahrzehnten entwickelt wurden und wie diese integraler, oft im Verborgenen wirkender Bestandteil der jeweiligen Architektur sein können. Ein besonderer Schwerpunkt liegt dabei auf der Frage, wie der Anteil der am Gebäude gewonnenen und im Gebäude selbst verbrauchten Energie aus nachhaltigen Quellen maximiert werden kann. Ziel ist also weniger eine passive Vermeidungsstrategie als vielmehr eine aktive Optimierungsstrategie. Die Zusammenschau von Projekten der letzten 20 Jahre macht deutlich, wie durch den Fortschritt im Bereich der Gebäudesteuerungen die Kombination und die Verknüpfung unterschiedlicher Energieerzeuger und -speicher immer mehr an Bedeutung gewinnt. Durch die Einbeziehung der Elektromobilität in den Betrachtungshorizont der Planung und die Kombination der entwickelten Techniken auf Quartiersebene rückt schließlich das Ziel der elektrischen Stadt in greifbare Nähe.

Wichtiger Meilenstein bei der Betrachtung innovativer Energie- und TGA (Technische Gebäudeausrüstung)-Konzepte ist das Wohnhaus R128 [1]: Das im Jahr 2000 errichtete Gebäude absorbiert die durch die Fassade in das Gebäude eingestrahlte Sonnenenergie über wasserdurchflossene Deckenelemente und führt sie einem Wärmespeicher zu, aus dem das Gebäude im Winter beheizt wird. Dank einer Wärmepumpe, die zwischen Deckenpaneele und Langzeitspeicher geschaltet ist, lässt sich dieses Prinzip auf die gesamte Heizperiode ausdehnen. Dadurch kann das Speichervolumen minimiert werden. Zugleich können dem Innenraum auch bei erhöhten Speichertemperaturen solare Gewinne entzogen und im saisonalen Pufferspeicher gespeichert werden. Umgekehrt gelingt es mit der Wärmepumpe, das Speichermedium bis weit unter die Heiztemperatur der Deckenpaneele zu nutzen. Frischluft, die über die mechanische Belüftung einströmt, wird über ein Erdregister und einen Kreuzstromwärmetauscher vortemperiert. Der im Haus benötigte Strom wird über eine Photovoltaik (PV)-Anlage auf dem Dach erzeugt.

Die bei R128 erprobten Prinzipien wurden in den folgenden Jahren auf andere Gebäude übertragen. Das eingeschossige Wohnhaus D10 [2] ist nach Süden ausgerichtet, um solare Gewinne im Winter optimal nutzen zu können. Im Sommer wirkt das weit auskragende Dach zusammen mit einem außenliegenden Sonnenschutz der Überhitzung vor. Hochgedämmte Hüllflächen reduzieren den Heizwärmebedarf auf 18 kWh/(m²·a) und den Kühlbedarf auf 3 kWh/(m²·a). Das Gebäude produziert über seine Photovoltaikanlage die gesamte im Jahresmittel benötigte Energie für Technik und Haushalt selbst. Drei je 40 Meter tiefe Erdsonden sind mit einer elektrischen Wärmepumpe (Jahresarbeitszahl = 5) verbunden, um regenerativ Heizwärme und Warmwasser herzustellen. Als Übertragungsfläche für Wärme und Kälte dient eine Betonkerntemperierung in der Decke über dem Untergeschoss.

Das im Jahr 2011 eröffnete Projekt F87 [2] in Berlin nahm neben der Minimierung des Energieverbrauchs und der Maximierung der Energiegewinnung auch das Thema der lokalen Energiespeicherung und der Elektromobilität in den Fokus. Die Optimierung des Energiekonzepts und des Gebäudeentwurfs gingen von Anfang an Hand in Hand. Die gewählte kompakte Bauform wurde bauphysikalisch optimiert, sodass die Wärmeverluste minimal sind. Ein sorgfältig ausgearbeitetes Sonnenschutzkonzept vermeidet Überhitzung und gewährleistet gleichzeitig die Nutzung solarer Gewinne im Winter. Eine Photovoltaikanlage generiert Strom, eine Luft-Wasser-Wärmepumpe gewinnt thermische Energie aus der Außenluft. Die Auslegung der Fußbodenheizung basiert auf einem hohen Volumenstrom und einer geringen Temperaturspreizung. Dadurch kann die Vorlauftemperatur für die Heizung niedrig gehalten werden. Ein hocheffizienter rekuperativer Wärmetauscher minimiert zudem die Lüftungswärmeverluste. Der selbst erzeugte Strom wird in einer hauseigenen Batterieanlage gespeichert, um einen möglichst hohen Anteil an selbst verbrauchter Energie aus nachhaltigen Quellen zu erreichen. In der Jahressumme erzeugt das Gebäude aus regenerativen Quellen mehr Energie als für den Gebäudebetrieb und die Elektromobilität der Nutzer erforderlich ist.

Beim Aktivhaus B10 [2] in Stuttgart wurde der Blick vom Einzelgebäude auf das Quartier gerichtet. Ziel war eine Entlastung des öffentlichen Netzes durch die vorausschauende, bedarfsorientierte Platzierung von Stromüberschüssen vor Ort sowie eine intelligente Verbrauchssteuerung. Hierzu zählt auch die partielle Mitversorgung von Nachbargebäuden, die (energetisch gesehen) schwächer sind. Das Energiekonzept basiert auf einer Wasser-Wasser-Wärmepumpe, die auf zwei Wärmequellen zugreift. Erste Wärmequelle ist ein 15 Kubikmeter großer Eisspeicher. Als zweite Wärmequelle dienen auf dem Dach installierte Photovoltaik-Module mit integrierter Solarthermie (PVT). Für die Wärme-/Kälteübertragung werden Fußböden und Decken aktiviert. Gelüftet wird über ein Kompaktlüftungsgerät mit Hochleistungswärmetauscher und Sommerbypass. Letzterer erlaubt eine freie Kühlung über die Lüftungsanlage, wenn die Innenraumtemperaturen höher sind als die Außentemperaturen. Wichtiger Bestandteil des Energiekonzepts ist das vorausschauende Energiemanagement, das sich an wechselnde Bedingungen und Anforderun-

Seite 149:
4 Das „Effizienzhaus Plus mit Elektromobilität" (F87) in Berlin: Versorgungsleitungen und Gebäudetechnik sind auf der straßenzugewandten Seite gut sichtbar.
5 Schnitt durch F87: Der zentrale Energiekern ist Bestandteil des Besucherinformationskonzepts.

[1] Architektur + Engineering: Werner Sobek; Klima-Konzept: Transsolar
[2] Architektur + Engineering: Werner Sobek

4

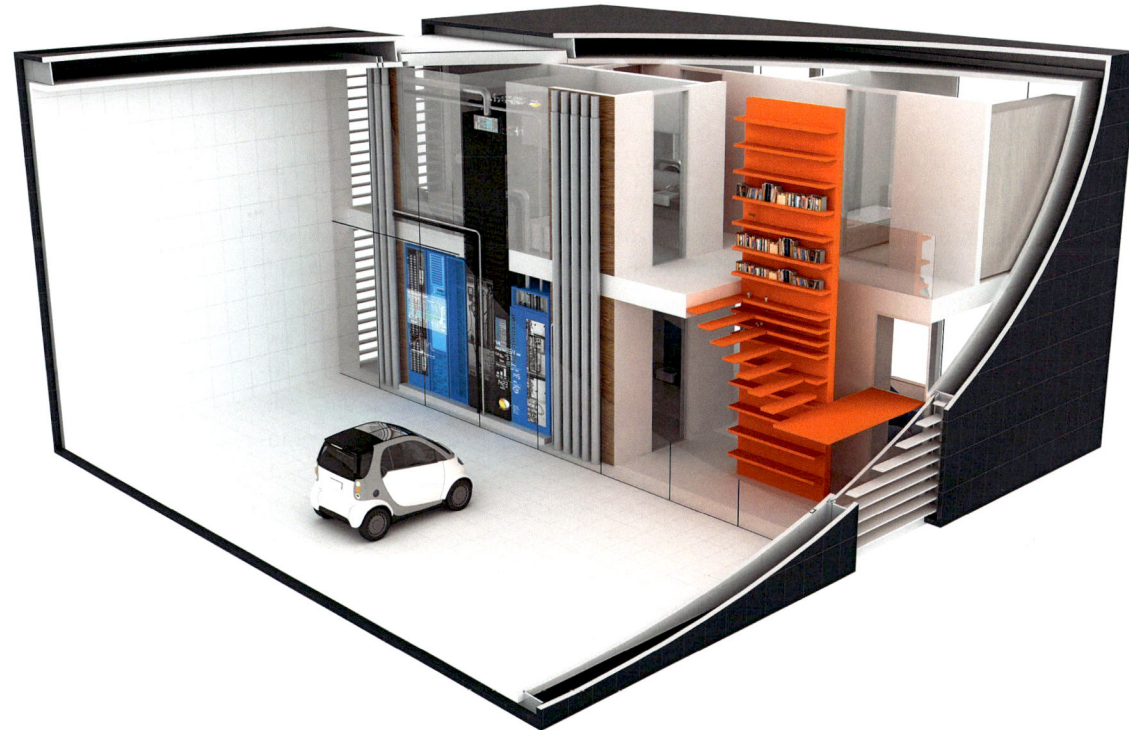

5

Energiekonzepte als wesentlicher Bestandteil nachhaltigen Bauens 149

6 Das Aktivhaus B10 in der Stuttgarter Weißenhofsiedlung: Die Elektromobilität ist sowohl baulich als auch systemtechnisch voll in das Gebäude integriert.

gen anpassen kann. Als selbstlernende Gebäudesteuerung optimiert es Ladeinfrastruktur, Anlagentechnik und Speicherung und beschränkt den Energieverbrauch auf ein Minimum. Das System berücksichtigt unter anderem Lastprognosen sowie externe Einflussgrößen wie etwa die Wettervorhersage.

Die ersten hier vorgestellten Projekte waren Einfamilienhäuser. Eine Ausweitung der bis dato entwickelten Konzepte auf einen größeren Maßstab stellte der Verwaltungsneubau D15[3] dar, ein kubischer Baukörper, der sich um ein überdachtes, lichtdurchflutetes Atrium gruppiert. Eine Dreifach-Isolierverglasung gewährleistet mit dem externen Sonnenschutz und einer sehr dichten Gebäudehülle einen geringen Energiebedarf. Die konstruktiven Maßnahmen werden von der Haustechnik unterstützt. Diese bietet neben Photovoltaik zur Stromgewinnung ein ausgeklügeltes Wärmesystem aus Betonkernaktivierung, Fußbodenheizung und Lüftungsanlage mit Wärmerückgewinnung und adiabater Kühlung. Die Kälte wird zum Teil durch die Kälterückgewinnung aus dem bestehenden Sprinklerwassertank und zum Teil über Kompressionskälte erzeugt. Auf dem Dach befinden sich 240 PV-Module mit einer Fläche von insgesamt 350 Quadratmetern. Die Photovoltaikanlage wird auch für die Stromversorgung eines benachbarten Rechenzentrums verwendet.

Die Nutzung des Sprinklertanks als Teil des Energiekonzepts wurde beim Verwaltungsgebäude der AEB in Stuttgart[3] weiter ausgearbeitet. Kern des Energiekonzepts für das fünfgeschossige Bürogebäude ist die Nutzung eines Sprinklertanks mit 150.000 Litern Inhalt als Wärme- und Kältespeicher. Im Heizfall erfolgt die Grundlastdeckung über eine Wasser-Wasser-Wärmepumpe. Diese nutzt die thermische Masse des Sprinklertanks. Dabei werden Synergien genutzt, z. B. wird die Abwärme des Serverraums im Winter für die thermische Regeneration des Sprinklertanks verwendet. Die Be- und Entladung des Sprinklertanks erfolgt durch Plattenwärmetauscher. Im Kühlfall wird das Gebäude ebenso mithilfe des Sprinklertanks gekühlt. Die Abdeckung der Spitzenlasten erfolgt durch eine Gasbrennwerttherme bzw. über eine Kompressionskältemaschine. Die Wärmeübertragung in den Räumen erfolgt mittels Unterflurkonvektoren und Betonkernaktivierung. Die nicht verschatteten Dachflächen des Gebäudes sind mit monokristallinen Solarzellen bestückt. Der Strom steht zur direkten Nutzung im Gebäude zur Verfügung.

Die Frage, wie Einzelgebäude mit minimalem Energieverbrauch und maximaler Energieerzeugung bei gleichzeitig optimalem Nutzerkomfort geplant werden können, kann mittlerweile als geklärt gelten. Forschungsbedarf besteht aber nach wie vor bei der Frage, wie das Ziel ei-

3) Architektur: Riehle + Assoziierte Planung von Heizung-Lüftung-Sanitär: Werner Sobek

7a Die Technische Gebäudeausrüstung von B10 im verbauten Zustand
7b Schematische Darstellung der Technischen Gebäudeausrüstung von B10

01 Lüftungsgerät mit Wärmerückgewinnung
02 Frischwasserstation
03 Hauswasser-System
04 Ausdehnungsgefäß
05 Wärmepumpe
06 Pumpen und Controller
07 Pufferspeicher
08 Hydraulikmatrix

8

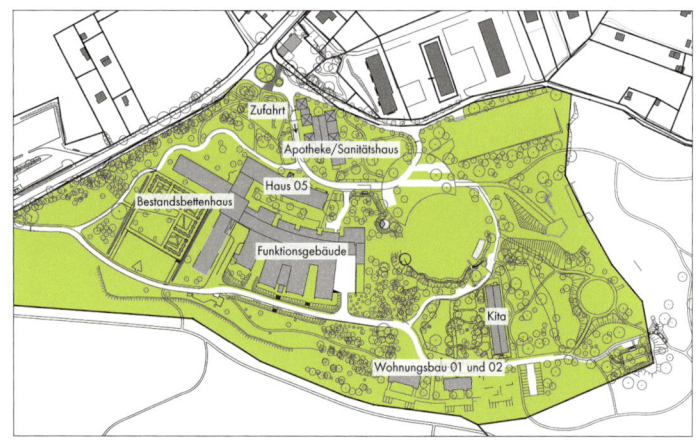

9a

9b

nes Überschusses an nachhaltig erzeugter Energie auf ein Ensemble von Gebäuden oder ganze Quartiere ausgedehnt werden kann. Einen Ausblick auf die hierfür bestehenden Möglichkeiten bietet eine Studie, die für die Waldkliniken Eisenberg durchgeführt wurde. Ziel der Klinikbetreiber ist es, das gesamte Areal durch den Zubau erneuerbarer Energien und eine intelligente Verbrauchssteuerung in naher Zukunft klimaneutral zu versorgen. Aus wirtschaftlichen Gründen wurde eine mehrstufige Modernisierungsstrategie entwickelt. Für die 2020er-Jahre wird die energetische Sanierung der Wohngebäude vorgesehen. Hierdurch wird es möglich, den Heizwärmebedarf so weit zu senken, dass dieser auch bei niedriger Vorlauftemperatur mit den bestehenden kleinen Heizflächen gedeckt werden kann. Durch Ersatzneubauten und Sanierung werden zum Ende der 2030er-Jahre sämtliche Gebäude weitgehend niedertemperaturfähig. Ab dem Jahr 2040 kann mit dem Aufbau eines Niedertemperatur-Nahwärmenetzes mit Wärmepumpen und thermischem Speicher, welcher durch Abwärme und eine zusätzliche Solarthermieanlage gespeist wird, begonnen werden. Zum Ende der 2040er-Jahre lässt sich so ein Energieüberschuss für das gesamte Areal realisieren. Eine ausreichend dimensionierte Photovoltaikfreiflächenanlage zusammen mit Kurzzeitspeichern und Saisonspeichern kann einen ganzjährig klimaneutralen Betrieb sicherstellen. Im Sommer ergibt sich aus den PV-Anlagen eine über den Bedarf des Krankenhausareals hinausreichende Produktion an

Seite 152:
8 Das Verwaltungsgebäude D15 in Metzingen
9 Waldkliniken Eisenberg
a Bebauungssituation Bestand
b Bebauungssituation nach Umbau

10 Waldkliniken Eisenberg
a Bestehendes Energiekonzept
b Energiekonzept nach Umbau

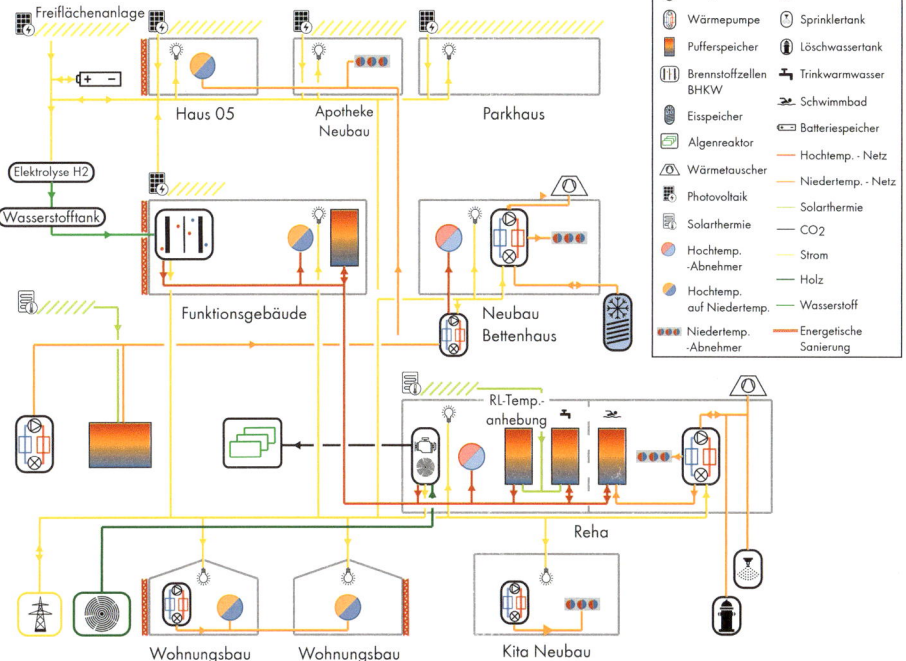

10a

10b

erneuerbarem Strom. Dieser muss durch saisonale Speicher in das ertragsarme Winterhalbjahr verschoben werden. Hierfür eignen sich nach heutigem Wissensstand insbesondere Power-to-Gas-Technologien.

Die Rückschau über die vorgestellten Projekte verdeutlicht, dass eine optimale Lösung für nachhaltige, klimaneutrale Gebäude nicht allgemeingültig formuliert werden kann, sondern stark von den jeweiligen Gegebenheiten am Standort abhängig ist. Eine prinzipielle Voraussetzung zur Zielerreichung lässt sich jedoch konstatieren: die Notwendigkeit zur Energiebedarfsreduktion. Doch bereits hierfür existiert eine Vielzahl an Möglichkeiten, darunter u. a. hochwärmegedämmte Gebäudehüllen, effiziente anlagentechnische Komponenten, Beleuchtungstechnik, moderne Gebäudesteuerungen oder die Ausnutzung von Synergieeffekten zwischen benachbarten Gebäuden. Auch die am Standort vorhandenen Infrastrukturen, wie beispielsweise ein Fernwärmeanschluss oder die Voraussetzungen zur Erschließung erneuerbarer Energiequellen, bestimmen die Wahl des Energiekonzepts eines Gebäudes entscheidend. Dabei kann eine Betrachtung über das einzelne Gebäude hinaus zu wesentlich effizienteren Lösungen führen, wird jedoch häufig durch gesetzliche Rahmenbedingungen entscheidend erschwert. Mit zunehmender Erzeugung erneuerbarer Energie gewinnt die Frage der kurzzeitigen und saisonalen Speicherung immer weiter an Bedeutung. Entscheidende Fragen zur Energiewende können aber nicht auf der Gebäude- oder Quartiersebene entschieden werden, sondern erfordern nationale und internationale politische Anstrengungen. Hierunter fallen beispielsweise die Errichtung von Pumpspeicherkraftwerken, die Möglichkeiten zur Einspeisung von erneuerbarem Energie-Gas in das öffentliche Gasnetz oder die gebäude- oder grundstücksübergreifende Versorgung mit selbst erzeugtem Photovoltaikstrom.

Marc-Steffen Fahrion, Giulia Peretti

DIE QUERBAHNSTEIGHALLE DES HAUPTBAHNHOFES LEIPZIG ALS EIN TYPISCHES PROJEKT WILLY GEHLERS

Willy Gehler (1876–1953) war einer der wichtigsten Protagonisten des Stahlbetonbaus im 20. Jahrhundert. Trotz seiner Verdienste um dessen Etablierung ist er heute nahezu unbekannt, was vermutlich auch auf seine Nähe zur NSDAP während der Zeit des Nationalsozialismus zurückzuführen ist. Leben und Wirken dieses umstrittenen Ingenieurs waren Gegenstand eines interdisziplinären Forschungsprojekts, welches in den vergangenen Jahren an der TU Dresden bearbeitet wurde. Nachfolgender Beitrag konzentriert sich mit der Querbahnsteighalle Leipzig auf ein maßgeblich von Willy Gehler geprägtes und umgesetztes Projekt.

Ein Leben während vier Epochen deutscher Geschichte

Nachfolgende Beschreibung, weitgehend entnommen aus [2], gibt einen kurzen Überblick über Leben und Wirken von Willy Gehler. Detaillierte Hintergründe und tiefergehende Informationen zur Person Gehler geben u. a. [3] bis [7] und zur Firma Dyckerhoff & Widmann tut dies [8].

Der heute nur wenig bekannte Bauingenieur und ehemalige Professor der TH Dresden Willy Gehler (Bild 1) durchlebte vier Epochen deutscher Geschichte. Der im Kaiserreich Geborene nahm kurzzeitig ein Studium der Mathematik auf, wechselte aber alsbald ins Fach Bauingenieurwesen. Sein Berufsleben begann er zunächst im Staatsdienst bei den Königlich Sächsischen Staatseisenbahnen (1900–1904). Wie auch andere seiner damaligen Kollegen wechselte er anschließend in die Privatwirtschaft, in seinem Fall zur Firma Dyckerhoff & Widmann. Dort stieg Gehler schnell im Unternehmen auf. Neben repräsentativen Projekten in Dresden wie dem Gasbehälter Dresden-Reick (1907–1908) war er auch für die konstruktive Durchbildung der Querbahnsteighalle Leipzig (1909–1911) oder auch der Jahrhunderthalle in Breslau (1911–1913, [9]) verantwortlich. Im Jahr 1913 wurde er als ordentlicher Professor an die TH Dresden im Fachbereich Bauingenieurwesen für Festigkeitslehre, Baustofflehre, Statik und Stahlbrückenbau berufen. Da er auch Erfahrungen in der experimentellen Bauwerksprüfung hatte, wurde er während des Ersten Weltkriegs zudem zum Leiter der Bautenprüfstelle im Kriegsamt in Berlin ernannt. Nach Kriegsende leitete er ab 1918 das Versuchs- und Materialprüfungsamt in Dresden. Gehler entwickelte in der jungen Weimarer Republik einen großen Tatendrang hinsichtlich des damals noch jungen Baustoffs *Eisenbeton*. Zahlreiche Hefte in der Schriftenreihe des damaligen Deutschen Ausschusses für Eisenbeton (DAfEb, später DAfStb), z. B. [10]–[12], zeugen von dieser Tätigkeit. Anfang der 1920er-Jahre wurde Gehler auch sozial und politisch aktiv. Einerseits trat er der damals republikkritischen Deutschen Volkspartei (DVP) bei, andererseits war er treibende Kraft bei der Gründung der sogenannten „mensa academica", einem Vorläufer des heutigen Studentenwerkes der TU Dresden.

Ab 1933 führte Gehler auch kriegsrelevante Forschungen durch, nachdem er bereits im selben Jahr der NSDAP beigetreten war. Der Umfang bzw. die Rolle Gehlers innerhalb dieser Partei ist bis heute noch nicht umfassend geklärt [13]. Letztlich führte seine Parteimitgliedschaft jedoch dazu, dass er nach 1945 im Rahmen

1 Portrait Willy Gehler, um 1952
2 Querbahnsteighalle des Hauptbahnhofes Leipzig als Werbeträger in einer Anzeige von Dyckerhoff & Widmann, aus [1]

3 Querbahnsteighalle des Bahnhofes Leipzig, zeitgenössische Aufnahme zwischen 1909 und 1911

der Entnazifizierung aus dem Hochschuldienst entlassen wurde. Anschließend rang Willy Gehler um die Anerkennung einer antifaschistischen Haltung, was ihm 1946 in Verbindung mit Unterstützungsschreiben seiner Kollegen auch gelang. Die Rückkehr in den Hochschuldienst blieb ihm dennoch verwehrt. Doch auch mit den neuen politischen Kräften arrangierte sich Gehler schnell und führte an seiner alten Wirkungsstätte, dem Versuchs- und Materialprüfungsamt, Forschungsaufträge für die sowjetische Militäradministration durch. Die Leitung des Versuchs- und Materialprüfungsamtes wurde zwischenzeitlich seinem Kollegen Kurt Beyer übertragen, sodass Gehler formell als Hilfsarbeiter agierte. Erneut trat er einer Partei, nun der Liberal-Demokratischen Partei (LDP), der späteren LDPD, bei und übernahm dort wiederum zentrale Positionen wie beispielsweise die Leitung im Landesausschuss Technik für Normung und Typung in Sachsen.

Die Querbahnsteighalle Leipzig

Die Querbahnsteighalle in Leipzig war einer der ersten großen Eisenbetonhallenbauten in Deutschland. Der vielbeachtete Bau wurde 1912 fertiggestellt und wird auch heute noch als Pionierleistung im Stahlbetonbau gewürdigt, z. B. [14]. Die nachfolgenden Beschreibungen beziehen sich auf die ursprüngliche Querbahnsteighalle, wie sie maßgeblich von Willy Gehler konstruktiv durchgebildet wurde.

Der Bau des Leipziger Bahnhofes fiel noch in die Ära der Länderbahnen und gleichzeitig in eine Zeit des intensiven Ausbaus des Schienennetzes in Deutschland. Das durch die Länderbahnen geprägte Schienennetz wurde sukzessive rationalisiert und kleinteilige Bahnhöfe der einzelnen Länderbahnen in Hauptbahnhöfen zusammengeführt. Auch die Stadt Leipzig beschloss um die Jahrhundertwende den Bau eines zentralen Hauptbahnhofes und damit gleichzeitig, die beteiligten Länderbahnen – die Königlich Sächsischen Staatseisenbahnen, die Königlich Bayerischen Staatseisenbahnen und die Preußischen Staatseisenbahnen – in einem Kopfbahnhof zusammenzufassen [15]. Nach einem umfangreichen Entwurfs- und Ausschreibungsprozess erhielt schließlich das Büro Lossow & Kühne aus Dresden den Auftrag für die Entwurfsbearbeitung [15]. Der Entwurf der Architekten sah drei verschiedene Baukörper, unterteilt in Hauptgebäude, Querbahnsteighalle und Bahnsteighalle vor. Neben dem massiven Empfangsgebäude in Mauerwerksbauweise wurde für die Überdachung der Bahnsteige eine feingliedrige Stahlkonstruktion vorgesehen. Die Frage nach einem passenden Material für den dritten Baukörper, die Querbahnsteighalle, schien schnell beantwortet. Ein gegenüber der Eisenbetonbauweise sehr offener Bauherr, die Königlich Sächsischen Staatseisenbahnen, hatte sich bereits früh für eine Lösung in dem damals noch jungen Baustoff ausgesprochen [15]. Auch die Architekten sahen in der Wahl des Baustoffs Eisenbeton das geeignete Material, um einen passenden Übergang von der feingliedrigen Bahnsteighalle zum massiven Hauptgebäude zu ermöglichen. Zur Ausführung des Eisenbetonbaus kam im Rahmen der Ausschreibung schließlich ein Sonderentwurf der Dresdener Niederlassung der Firma Dyckerhoff & Widmann. Neben Dyckerhoff & Widmann erfolgte die bauliche Umsetzung durch die Bauunternehmen Max Pommer, Leipzig, und Rudolf Wolle.

Der Querbahnsteighalle kam eine besondere Bedeutung zu. Einerseits sollte sie als repräsentatives Bauwerk eine monumentale Wirkung erzeugen, andererseits sollte sie die Funktion übernehmen, die Verkehrsströme zwischen Bahnsteigen und Hauptgebäude zu leiten. Der Bauherr wünschte sich daher eine stützenfreie Querhalle, ließ die Umsetzung jedoch offen. Die Architekten entwarfen in Zusammenarbeit mit den ausführenden Firmen eine monumental anmutende Eisenbetonkonstruktion in damals noch nicht umgesetzten Dimensionen. Die Gesamtabmessung der Querbahnsteighalle betrug in der Länge etwa 270 Meter bei einer Breite von ca. 35 Metern, die mit bogenartigen Trägern überspannt wurde. Die mittlere Höhe lag bei ungefähr 25 Metern. In Längsrichtung wurde das Bauwerk in sechs ähnliche Abschnitte unterteilt, was mit den Stahlbögen der Bahnsteighalle korrespondierte. Die einzelnen Abschnitte wurden gleisseitig durch je einen Bogen in Längsrichtung begrenzt.

Das Gesamtsystem kann aufgrund seiner statischen Bestimmtheit sehr anschaulich zerlegt werden. Hauptgrund der Ausführung als statisch bestimmtes System war der setzungsempfindliche Baugrund [16].

4 Betonpfähle Patent Strauss in einer Anzeige von Dyckerhoff & Widmann, aus [18]

5 Planunterlagen zur Strauss-Pfahlgründung des Hauptgebäudes; Originalpläne: Sächsisches Wirtschaftsarchiv e.V. Leipzig

6 Querbahnsteighalle Hauptbahnhof Leipzig kurz vor Fertigstellung, entnommen aus [16]

Dem schlechten Baugrund geschuldet war auch die besondere Ausführung mittels sogenannter Strauss-Pfahlgründungen, die hier in großem Maßstab umgesetzt wurden. Die einzelnen Tragkomponenten werden nachfolgend in Kürze dargestellt.

Betonpfähle Patent Strauss

Die Firma Dyckerhoff & Widmann war bemüht, das System der Strauss-Pfahlgründung auf dem deutschen Markt zu etablieren (Bild 4). Seit 1907 wurden die Pfähle bereits in größerem Umfang angewendet, wobei die in Summe 11.574 Meter an Pfählen, die bei der Querbahnsteighalle Leipzig verbaut wurden, die bisherigen Anwendungen um ein Vielfaches übertrafen [17]. Die damalige Besonderheit des Systems lag in der Herstellung des Pfahllochs durch Bohren. Das anschließende sukzessive Verdichten des Betons bei gleichzeitigem Ziehen des Leitrohrs erzeugte eine gute Verzahnung mit dem Baugrund und ist mit heutigen Bohrpfahlgründungsverfahren vergleichbar. Einen Überblick über die Gründung des Bahnhofs-Hauptgebäudes zeigt Bild 5.

Bauteile der Querbahnsteighalle und deren konstruktive Durchbildung

Die gebogenen *Querträger* überspannen die gesamte 35 Meter breite Halle. Die gekrümmten Träger sind dabei als Balken auf zwei Stützen ausgebildet (Bild 6). Nach Gehler wurden auch rahmenartige Ausbildungen untersucht, welche er aufgrund der statischen Unbestimmtheit bevorzugt hätte, jedoch standen dem die

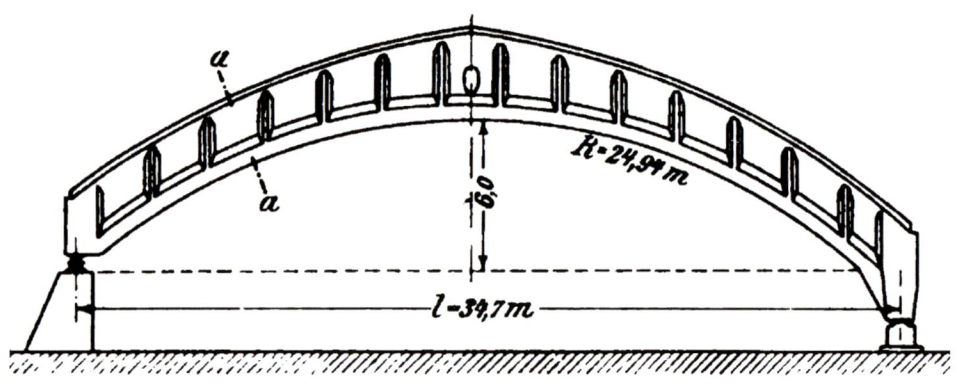
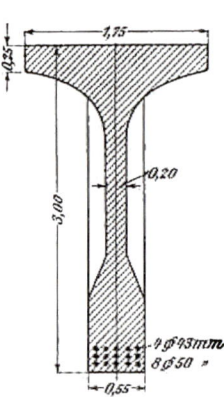

7a

7b

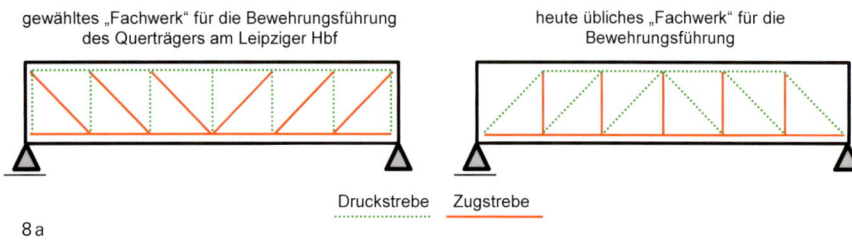

8a

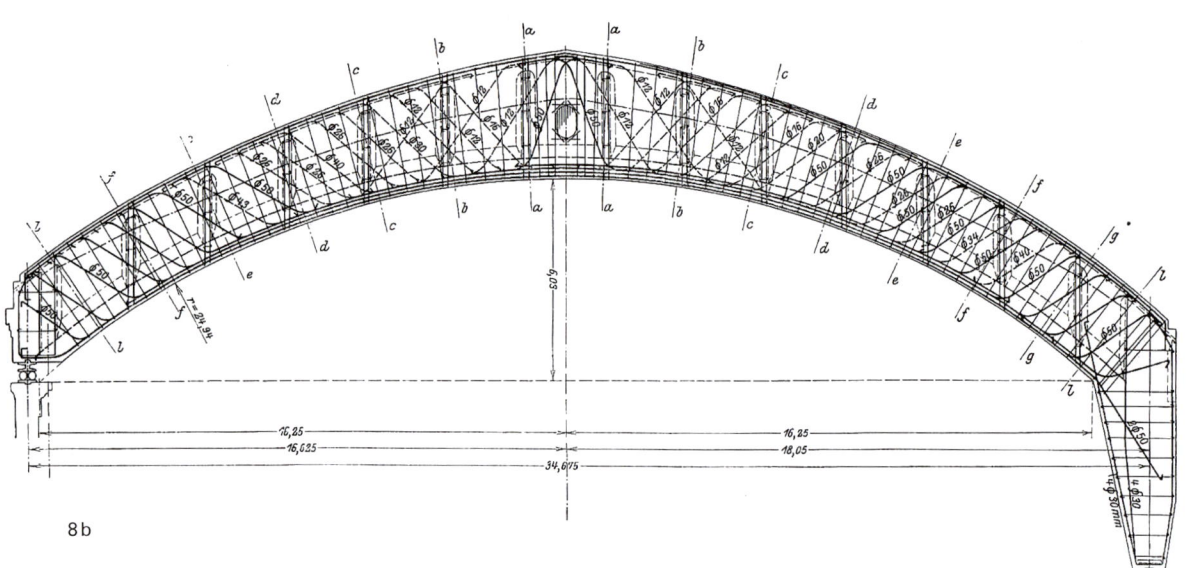

8b

7 Ansicht und Querschnitt des Probebinders für die Leipziger Querbahnsteighalle, entnommen aus [15] und [16]
8 Bewehrungsführung des Bogenträgers und Bewehrungsführung im Vergleich zu möglichen Fachwerkanalogien [15]

große Pfostenhöhe und der schlechte Baugrund entgegen. Neben den zusätzlichen Schwierigkeiten im Bauablauf wäre der statische Nutzen für die Einzelbauteile aufgrund der Kombination von steifen Bogenträgern und weichen Pfosten zwar gering gewesen, hätte jedoch zu einer besseren Redundanz des Gesamttragwerks beigetragen [19]. Die Balkenträger liegen an einem Ende auf der Außenwand des Hauptgebäudes auf. Auf der Gleisseite werden die Lasten in Wandscheiben eingetragen, die wiederum auf den Bögen in Längsrichtung lagern. Hier befindet sich auch die horizontale Festhaltung des Balkensystems. Der 3 Meter hohe T-förmige Querschnitt wurde mit einem breiten Betonobergurt und einem schmalen Untergurt ausgebildet. Am Untergurt wurden bei der Bauausführung zusätzlich noch Auflagerkonsolen ausgebildet, um die kassettenartigen Deckenplatten auflegen zu können.

Die Geometrie der Binder war für einen Balkenträger aufgrund der großen Krümmung eher ungewöhnlich und es lagen keine Erfahrungswerte vor. Daher beschlossen die Projektbeteiligten die Herstellung eines Probebinders (Bilder 7a und b), um mittels verschiedener Tests die konstruktiven und rechnerischen Annahmen zu validieren. Ausführlich wurde über die Tests bereits in [20] berichtet.

Bei der konstruktiven Durchbildung des Eisenbetonträgers wurde auf die damals bereits anerkannte Fachwerkanalogie nach Mörsch [21] bzw. Ritter [22] zurückgegriffen (Bild 8). Vor allem war es fraglich, ob mit dem vorhandenen Bewehrungsmaterial die Zugstreben des Fachwerks ausgebildet werden können oder ob Formstahl verwendet werden sollte. Gehler wählte als Material für die Zugstreben nicht Flussstahl, wie es damals häufig gemacht wurde, sondern Stahl, der eine bessere Zähigkeit und eine höhere Festigkeit besitzt. In dem von Gehler für den Träger entwickelten Dreiecksfachwerk wurden die Zugstreben durch die diagonal verlegten Stahleinlagen abgebildet, die vertikalen Druckstreben durch den Beton. Die relativ großen Biegeradien waren dem damals noch spröden Stahl geschuldet. Im Scheitel wurden die Eisen kreuzweise verlegt, um ein Abreißen des Untergurtes infolge des Bestrebens der unter Zug stehenden Bewehrungseisen, sich geradezurichten, zu verhindern. Letztlich konnte bei der Probebelastung die Tragfähigkeit des Binders nachgewiesen werden. Eine vermehrte Bildung von Haarrissen wurde lediglich im Stegbereich beim Übergang zu den Gurten festgestellt, weshalb diese Bereiche beim endgültigen Tragwerk zusätzlich ausgerundet wurden.

Besonders auffällig sind die sogenannten *Soffittenbinder*. Diese waren über den Kämpfern der Längsbögen angeordnet und unterteilten die Halle optisch. Gegenüber den „Standardbindern" weisen sie eine größere Konstruktionshöhe und -breite auf. An den Unterseiten wurden die kassettenartig strukturierten Deckenelemente zwischen den Standardbindern aufgegriffen.

Der *Dachaufbau* wurde zweischalig ausgebildet. Es kamen sowohl an der Unter- als auch an der Oberseite fabrikmäßig hergestellte Platten zum Einsatz. Die untere Ebene der Dachkonstruktion bildeten Kassettendecken, die mit einer Dicke von 2,5 Zentimetern verhältnismäßig dünn ausgeführt wurden. Die Platten lagen vierseitig auf einem I-Stahlträgergerüst mit Kantenlängen von 1,75 Meter auf. Sie wurden mit gekreuzten Stahldrähten von 5 Millimetern Durchmesser bewehrt und vorab einer Belastungsprobe als Einzelnachweis unterzogen. Die obere Ebene der Dachkonstruktion wurde in gleicher Bauweise errichtet, jedoch mit einer Kantenlänge von 2,50 Metern und einer Konstruktionsdicke von 4,5 Zentimetern. Die Platten sind somit deutlich schlanker ausgeführt als es nach den Preußischen Leitsätzen [23], die vor der Einführung eines einheitlichen Regelwerks zur Stahlbetonbemessung 1916 [24] als Orientierung dienten, erlaubt war. Dort war eine Plattendicke von 8 Zentimetern vorgeschrieben. Gehler kritisiert diesen Missstand in einer Nebenbemerkung in seiner Veröffentlichung [16] und bezeichnet dies als „Vergeudung". Seiner Ansicht nach wären 6 Zentimeter Plattendicke ausreichend. Die Mindestdicke der Platten wird aber erst 1932 von 8 Zentimeter auf 7 Zentimeter bzw. 5 Zentimeter bei Rippendecken reduziert [25].

Die *Längsbögen* der Querbahnsteighalle sind auf der Bahnsteigseite angeordnet. Sie dienen zum Abtrag der vertikalen Lasten aus den Hauptbindern der Querhalle. Die Stützweiten der Bögen betragen in den Randfeldern 42,5 Meter und in den Innenfeldern 45,0 Meter. Die insgesamt sechs Bögen wurden bei der Herstellung zunächst auf mächtigen temporären Hilfsgerüsten bzw. Widerlagern aus Holz gelagert, um den einseitigen Bogenschub ausgleichen zu können, ehe die schlanken Mittelstützen mit einer Breite von 1,70 Meter durch den sich anschließenden Bogen im Gleichgewicht gehalten werden. Die Bögen sind als Zweigelenkbögen ausgeführt, wobei die aufgehenden Wandscheiben im Kämpferbereich durch eine vertikale Fuge untereinander getrennt sind.

Der Hauptbahnhof im Wandel der Zeit

Das Bauwerk besteht heute nicht mehr in seiner ursprünglichen Form, da die Querbahnsteighalle während des 2. Weltkrieges stark beschädigt wurde. Bedingt durch die statische Bestimmtheit kam es zum großteiligen Zusammensturz des Tragwerks aufgrund der fehlenden Systemredundanz. Bereits bei der Errichtung verwies Gehler in [16] auf die Wichtigkeit der temporären Widerlager, als er notierte, hierauf beruhe „die Standsicherheit des ganzen Bauwerkes, das wie ein Kartenhaus zusammengeklappt wäre, wenn eines derselben versagt hätte."

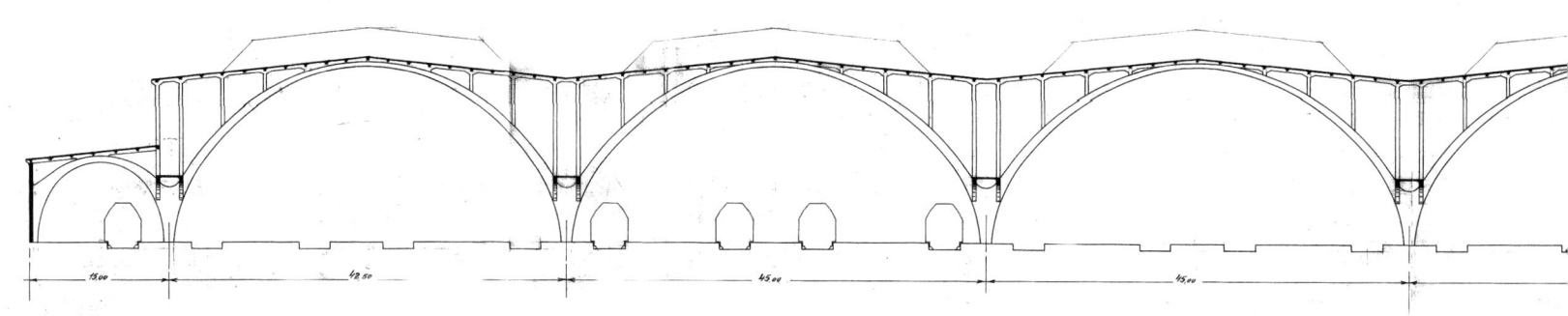
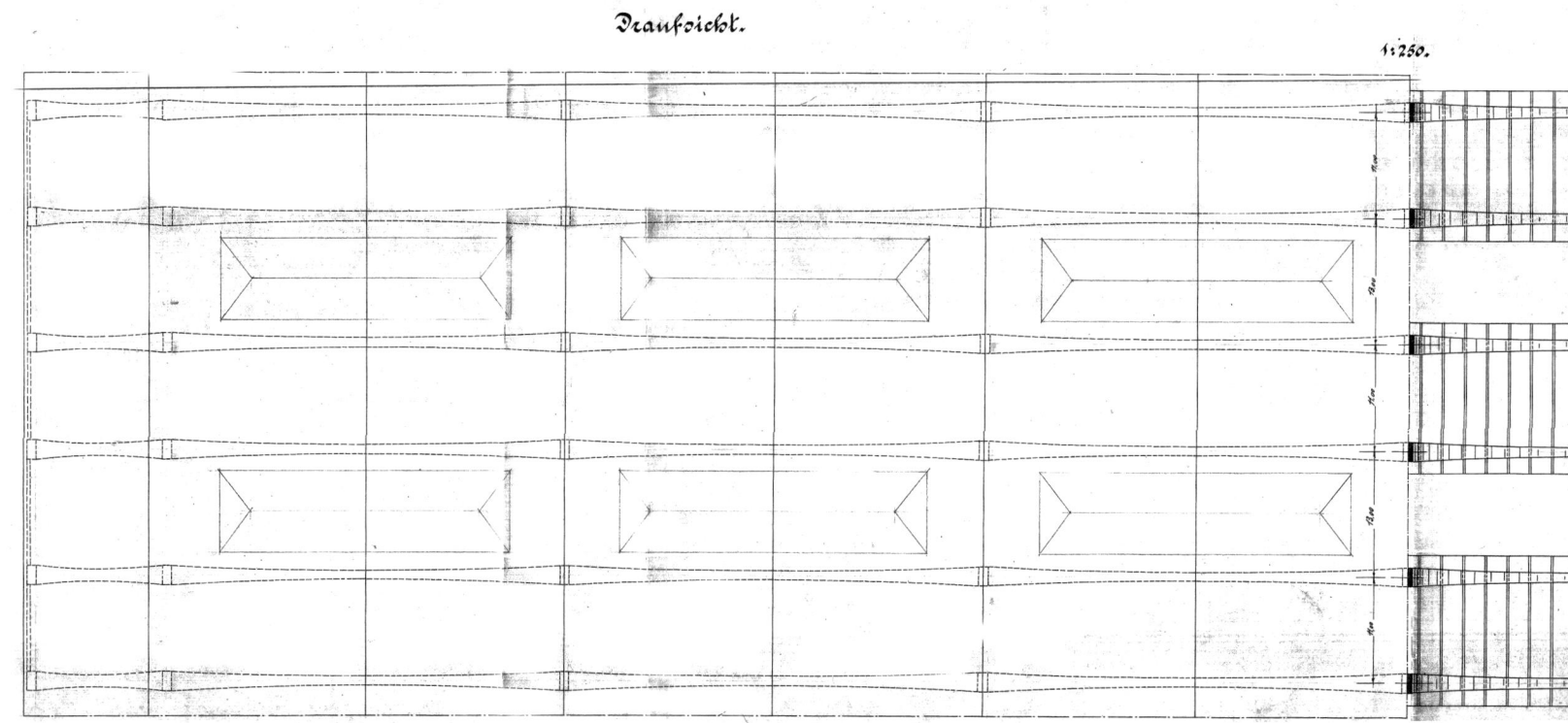

9 Schnitte und Ansichten der Querbahnsteighalle Leipzig

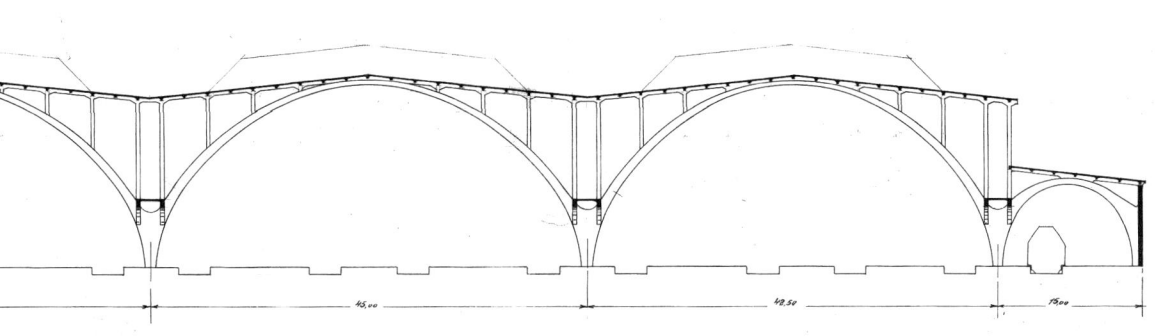
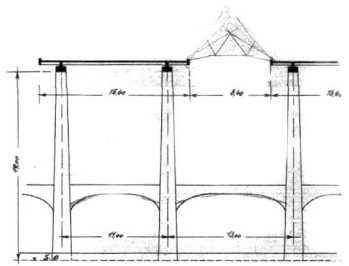
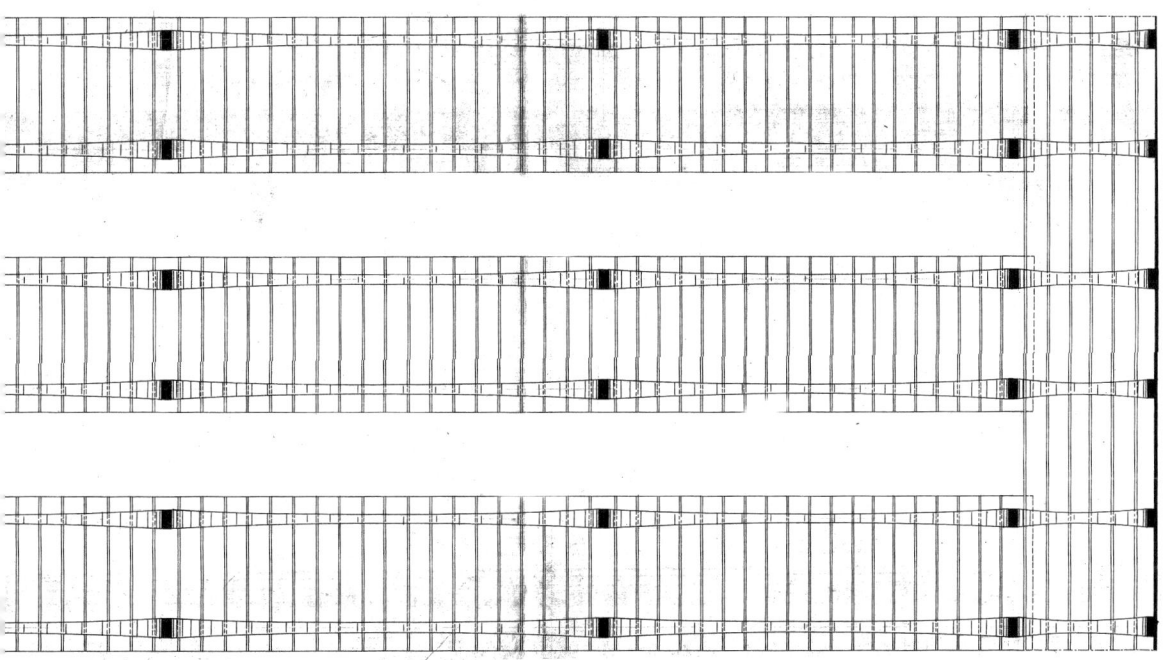

Die Querbahnsteighalle wurde in Anlehnung an ihr Vorbild in den 1960er-Jahren wieder aufgebaut. In den 1990er-Jahren wurden erneut große Umbaumaßnahmen vorgenommen [26]. Dennoch ähnelt die Innenansicht (Bild 10) auch heute noch dem historischen Vorbild. Aus Sicht der Verfasser stellt das Bauwerk einen großen Schritt in der Entwicklungsgeschichte des Stahlbetonbaus dar, da erstmals gezeigt wurde, dass auch Eisenbeton für große Stützweiten ausführbar ist. Die Entscheidung, das Material Stahlbeton zu verwenden, wurde dabei nicht aus rein wirtschaftlichen Aspekten getroffen, sondern auch aus architektonischen Gründen. Zudem standen die Bauherrn der Bauweise sehr offen gegenüber. Wieland Ramm führt in seinem Artikel „Über die faszinierende Geschichte des Betonbaus" [14] einige bemerkenswerte Bauwerke der Stahlbetongeschichte auf. Neben der Jahrhunderthalle in Breslau wird dort auch die Querbahnsteighalle in Leipzig als „ein Hallenbauwerk von gewaltigen Abmessungen" dargestellt. Gegenüber der 1908 errichteten Markthalle in Breslau mit „echten" 19 Meter weit spannenden Bogenbindern wurden bei der Querbahnsteighalle „bogenförmige" Binder mit 35 Metern Spannweite realisiert. Zudem zeigte sich hier bereits Gehlers Interesse, rechnerische Annahmen mit Versuchswerten abzugleichen, was nachfolgend prägend für seine Karriere war – und was auch heute noch ein anerkanntes Verfahren ist.

Oliver Steinbock, Manfred Curbach

10 Innenansicht der heutigen Querbahnsteighalle des Hauptbahnhofes Leipzig

Literatur

[1] Armierter Beton 5 (1912), o. S. (Bildbearbeitung: Knut Stegmann)

[2] Steinbock, O.; Curbach, M.; Hänseroth, Th.: Willy Gehler – Versuch einer Einordnung. Workshop und Ausstellung zu Leben und Wirken eines umstrittenen Hochschullehrers und Stahlbetonpioniers. Beton- und Stahlbetonbau 112 (2017) 8, S. 556–559

[3] Curbach, M.; Hänseroth, T.; Hensel, F.; Scheerer, S.; Steinbock, O.: Genius and Nazi? Willy Gehler (1876–1953) – A German Civil Engineer and Professor between Technical Excellence and Political Entanglements in the 20th century. In: Bowen, B.; Friedman, D.; Leslie, T.; Ochsendorf, J. (Hrsg.): Proceedings of ICCH5 – 5th International Congress on Construction History, Chicago, USA, 2015, S. 549–556

[4] Hänseroth, T.: Gehler, Willy (Gustav) – Kurzbiographie. In: Pommerin, R.; Hänseroth, T.; Petschel, D. (Hrsg.): 175 Jahre TU Dresden, Köln/Weimar/Wien: Böhlau, 2003, S. 255–257

[5] Homepage zum Gehler-Projekt: https://tu-dresden.de/bu/bauingenieurwesen/imb/forschung/Forschungsfelder/Weiteres/Gehler und https://tu-dresden.de/gsw/phil/ige/ttwg/forschung/forschungsprojekte

[6] Fraunholz, U.; Schönrich. H., Steinbock, O.; Milker, C.; Pfennig, P.: Willy Gehler – Karrieren eines deutschen Bauingenieurs. Begleitbroschüre zur Ausstellung zu Willy Gehler. Dresden: TU Dresden – Lehrstuhl für Technik- und Technikwissenschaftsgeschichte und Institut für Massivbau, 2017 – online unter: http://nbn-resolving.de/urn:nbn:de:bsz:14-qucosa-224065

[7] Steinbock, O.; Curbach, M.; Hänseroth, T. (Hrsg.): Willy Gehler – Versuch einer Einordnung. Tagungsband zum Workshop am 11.4.2017 in Dresden, Dresden: TU Dresden – Institut für Massivbau und Lehrstuhl für Technik- und Technikwissenschaftsgeschichte, 2017 – online unter: https://tu-dresden.de/bu/bauingenieurwesen/imb/ressourcen/dateien/forschung/publikationen/monographien/Tagungsband-WillyGehler_screen-version_100dpi.pdf?lang=de

[8] Stegmann, K.: Das Bauunternehmen Dyckerhoff und Widmann – Zu den Anfängen in Deutschland 1865–1918. Berlin: Wasmuth, 2014

[9] Trauer, G.; Gehler, W.: Die Jahrhunderthalle in Breslau – Berechnung, Konstruktion und Bauausführung. Sonderdruck, Berlin: Springer; 1914

[10] Gehler, W.; Amos, H.: Versuche über Elastizität, Plastizität und Schwinden von Beton. In: Deutscher Ausschuss für Eisenbeton (DAfEb, Hrsg.): Schriftenreihe des DAfEb, Heft 78, Berlin: Ernst & Sohn, 1934

[11] Gehler, W.; Amos, H.; Friedrich, E.: Versuche an Stahlbetonbalken zur Bestimmung der Bewehrungsgrenze, S. 1–105 sowie Gehler, W.: Die Ergebnisse der Versuche und das Dresdner Rechenverfahren für den plastischen Betonbereich, S. 106–134. Jeweils in: Deutscher Ausschuss für Stahlbeton (DAfStb, Hrsg.): Schriftenreihe des DAfStb, Heft 100, Berlin: Ernst & Sohn, 1943

[12] Gehler, W.; Hütter, A.: Knickversuche mit Stahlbetonsäulen. In: Deutscher Ausschuss für Stahlbeton (DAfStb, Hrsg.): Schriftenreihe des DAfStb, Heft 113, Berlin: Ernst & Sohn, 1954

[13] Fraunholz, U.; Schönrich, H.: Ein Bauingenieur in militärischen Diensten: Willy Gehler im Ersten und Zweiten Weltkrieg. In: Willy Gehler – Versuch einer Einordnung. Tagungsband zum Workshop in Dresden am 11. April 2017. Dresden, 2017, S. 78–92

[14] Ramm, W.: Über die faszinierende Geschichte des Betonbaus. In: Deutscher Ausschuss für Stahlbeton im DIN, Deutsches Institut für Normung e.V. (Hrsg.): Gebaute Visionen – 100 Jahre Deutscher Ausschuss für Stahlbeton 1907–2007, Berlin: Beuth, S. 27–130

[15] Kögler, F.: Die Hallen des Hauptbahnhofes in Leipzig. Armierter Beton 5 (1912) 4, S. 133–142; 5, S. 175–182

[16] Gehler, W.: Querbahnsteighalle in Eisenbeton für den Hauptbahnhof in Leipzig. Deutsche Bauzeitung 9 (1912) 9, S. 65–71; 10, S. 73–78; 11, S. 84–88

[17] Gehler, W.: Mitteilungen über Fortschritte und Erfahrungen bei Strausspfahlgründungen. In: Dyckerhoff & Widmann (Hrsg.): Beton-Pfähle Patent Strauss – Ein bewährtes Gründungsverfahren, Berlin: Ernst und Sohn, 1913

[18] Armierter Beton 6 (1913), o. S. (Bildbearbeitung: Knut Stegmann)

[19] Gehler, W.: Der Rahmen – Einfaches Verfahren zur Berechnung von Rahmen aus Eisen und Eisenbeton mit ausgeführten Beispielen. Berlin: Ernst & Sohn, 1913

[20] Steinbock, O.: Willy Gehler als Protagonist der experimentellen Bauwerksuntersuchung. In: Curbach, M.; Opitz, H.; Scheerer, S.; Hampel, T. (Hrsg.): Tagungsband zum 9. Symposium Experimentelle Untersuchungen von Baukonstruktionen, 21.9.2017 in Dresden, veröffentlicht in: Curbach, M. et al. (Hrsg.): Schriftenreihe Konstruktiver Ingenieurbau Dresden kid, Heft 43, Dresden: Institut für Massivbau der TU Dresden, 2017, S. 7–22

[21] Mörsch, E.: Der Eisenbetonbau, seine Theorie und Anwendung. Verlag von Konrad Wittner, 1902

[22] Ritter, W.: Die Bauweise Hennebique. Schweizerische Bauzeitung 33 (1899), S. 41–43, 49–52, 59–61

[23] Vorläufige Leitsätze für die Vorbereitung, Ausführung und Prüfung von Eisenbetonbauten: 1904-03. In: Fingerloos, F. (Hrsg.): Historische technische Regelwerke für den Beton-, Stahlbeton- und Spannbetonbau. Berlin: Ernst & Sohn/Wiley, 2009, S. 21–37

[24] Bestimmungen für die Ausführung von Bauwerken aus Eisenbeton: 1916-01. In: Fingerloos, F. (Hrsg.): Historische technische Regelwerke für den Beton-, Stahlbeton- und Spannbetonbau. Berlin: Ernst & Sohn/Wiley, 2009, S. 63–91

[25] Gehler, W.: Erläuterungen zu den Eisenbetonbestimmungen – mit Beispielen. Berlin: Ernst und Sohn, 1932

[26] Johannsen, V.: Der neue Hauptbahnhof Leipzig – Projektentwicklung und Projektmanagement. Bautechnik 76 (1999) 2, S. 109–119

BLICK IN DIE NACHBARSCHAFT – BEMERKUNGEN ZU INGENIEURWETTBEWERBEN IN DER SCHWEIZ

1

2

1 Blick auf die Hinterrheinbrücke von Norden von der alten Vorderrheinbrücke aus
2 Blick von Norden ab Reichenauerstrasse

Meine bisherige berufliche Laufbahn wurde stark durch das Wettbewerbswesen geprägt – so hatte ich Gelegenheit, als junger Ingenieur in den 1990er-Jahren verschiedene Projekte für öffentliche Bauten zu bearbeiten, die unser Büro durch Wettbewerbe erhalten hatte. Vornehmlich waren dies Wettbewerbe in Zusammenarbeit mit Architekten für Hochbauten, aber vereinzelt auch Wettbewerbe für Brückenbauten. Damals waren die Wettbewerbe in der Regel regional begrenzt; die Teilnahme stand etwa allen Büros aus einem oder mehreren Kantonen offen. Diese Offenheit in einem regionalen Rahmen machte es jungen Büros möglich, ohne Einschränkung an Verfahren dieser Art teilzunehmen, und häufig waren zumindest im Kanton Graubünden junge Büros auch siegreich. Die architektonische Entwicklung Graubündens in den Jahren zwischen 1980 und 2000 ist wesentlich durch die Wettbewerbspolitik der öffentlichen Hand geprägt.

Im Zuge der Marktöffnung waren regional begrenzte Wettbewerbe rechtlich nicht mehr erlaubt. Um die Anzahl an Eingaben auf ein vernünftig scheinendes Maß zu begrenzen, wendet man heute häufig selektive Verfahren an. Dies schränkt jedoch die Teilnehmer auf Büros mit entsprechenden Referenzen ein: Wer hat, dem wird gegeben – für junge Büros besteht hier verglichen mit der früheren Praxis eine große Schwierigkeit, überhaupt an derartige Aufträge zu gelangen.

Die Marktöffnung hat in der Schweiz auch dazu geführt, dass die „freihändige" (direkte) Vergabe öffentlicher Planungsaufträge stark eingeschränkt wurde und solche Aufträge häufig über Honorarkonkurrenzen vergeben werden. Diese aus meiner Sicht schlechte Entwicklung gibt dem Planungswettbewerb als einzig möglichem Gegenmittel eine große Bedeutung.

In diesem Sinn habe ich verschiedene Male auch Wettbewerbe mitorganisiert – in der Annahme, dass Wettbewerbsprogramme, die von Autoren verfasst werden, die selber häufig an Wettbewerben teilnehmen, einen guten Interessenausgleich zwischen Auftraggeber und Teilnehmern sicherstellen.

3 Blick von Westen auf den Zusammenfluss von Vorderrhein und Hinterrhein. Foto von Anfang des 20. Jahrhunderts. In der Mitte die Brücke über den vereinigten Rhein von 1881, ganz links die Vorderrheinbrücke von 1889 und diagonal die Eisenbahnbrücke über den Hinterrhein von 1896.

4 Gleicher Blick von Westen im Jahr 2015

Nachfolgend möchte ich einen aktuellen Brückenwettbewerb beschreiben, bei dem das altbewährte offene Verfahren zu einer breiten und faszinierenden Palette von Lösungsvorschlägen geführt hat. Zum Schluss führe ich noch als weiterführenden Exkurs ein paar Gedanken zum „nachgeschalteten Ingenieurwettbewerb" aus, der zeitlich verschoben zum Architekturwettbewerb veranstaltet wird. Entgegen der Ideologie der Teambildung zwischen Architekt und Ingenieur halte ich dieses Verfahren für ein in vielen Fällen geeignetes Instrument. Die Reaktionen der Beteiligten nach Fertigstellung der entsprechenden Bauwerke waren im Hinblick auf das Verfahren durchweg positiv.

Fallbeispiel: Zweite Hinterrheinbrücke der Rhätischen Bahn bei Reichenau-Tamins

Die Aufgabe

Die Bahnlinie Chur–Thusis der Rhätischen Bahn (RhB) überquert den Hinterrhein gleich nach der Bahnstation Reichenau-Tamins auf einer dreifeldrigen Fachwerkbrücke, die im Jahr 1896 fertiggestellt wurde. Heute dient die Brücke sowohl den Zügen der Albulalinie, die zwischen Chur und St. Moritz verkehren, als auch dem Eisenbahnverkehr ins Bündner Oberland in Richtung Disentis mit Anschlüssen nach Andermatt und ins Wallis (Glacier-Express). Während die Bahnstrecke von Chur nach Reichenau-Tamins schon in den 1960er-Jahren zweigleisig ausgebaut wurde, bildet die einspurige Brücke heute ein betriebliches Nadelöhr, das häufig zu Wartezeiten bei sich kreuzenden Zügen führt. Aus diesem Grund beschloss die Direktion der Rhätischen Bahn, die denkmalgeschützte Hinterrheinbrücke durch eine zweite, parallel zu ihr über den Hinterrhein führende Brücke zu entlasten. Für diese technisch wie architektonisch anspruchsvolle Aufgabe führte die Bahn einen Projektwett-

bewerb durch; ich selbst hatte den Auftrag, die Bahn bei der Durchführung dieses Wettbewerbs zu unterstützen.

Auf dem höchst eindrücklichen Foto (Bild 3) aus den ersten Jahren des 20. Jahrhunderts erkennt man die damalige Situation. Es ist ein Bilddokument, das man lange betrachten kann – im Sinn von „Erkennen Sie die Unterschiede zu heute?" (Bild 4), aber auch, weil es eine Fotografie ist, die noch ganz in der Tradition der Landschaftsmalerei steht. Dies zeigt sich etwa im Hintergrund des linken Bildteils mit dem Urwald, aus dem die Kirche von Domat/Ems wie ein den Weg zeigendes Signal emporragt. Soeben ist die Bahnlinie durch die Vorderrheinschlucht nach Ilanz eröffnet worden, im Vordergrund

5a Hinterrheinbrücke Thusis der Albulabahn, eröffnet 1903, Aufnahme um 1905
5b Plan der Hinterrheinbrücke der Albulabahn bei Thusis

erblicken wir das Haus des Weichenstellers und die dafür nötige, bis heute erhaltene Ausbuchtung des Bahndamms. Die drei Flussarme des Vorderrheins, des Hinterrheins und des vereinigten Rheins werden je von einer eisernen Fachwerkbrücke überquert: hinten die parallelgurtige Brücke von 1881, links der Halbparabelträger über den Vorderrhein, fertiggestellt im Jahr des Eiffelturms 1889 und sieben Jahre später ergänzt durch die für uns im Zentrum stehende Eisenbahnbrücke. Den eisernen Überbau erstellte die Theodor Bell & Cie. aus Kriens, die damals führende schweizerische Unternehmung für eiserne Brücken, unter der technischen Leitung des Ingenieurs Fritz Ackermann.

Kurze Zeit später erhielt diese Gesellschaft wiederum von der Rhätischen Bahn den Auftrag, die Hinterrheinbrücke der Albulabahn in Thusis (Bild 5) zu bauen, nachdem sie auf eigene Initiative einen Gegenentwurf zum „offiziellen" Projekt von Ingenieur Loehle abgeliefert hatte. Nur wenige Jahre liegen zwischen diesen Brücken, doch die Brückenbauwelt hatte sich inzwischen völlig verändert: War die Reichenauer Brücke noch eine Art letzter sozusagen handwerklich geformter „Howe-Träger", hatte sich jetzt die statische Theorie für die Wahl der Konfiguration der Fachwerkstäbe durchgesetzt: Das Thusner Rautenstabwerk besteht im Wesentlichen aus zwei Strebensystemen. Diese sind aber nicht unabhängig, denn sie beginnen beide in einem Knoten auf halber Höhe des Endpfostens, in dem die Auflagerreaktion statisch bestimmt in zwei entgegengesetzt gleiche Kräfte zerlegt wird. Der zentrale Stab in der Trägermitte sorgt dafür, dass sich die Rauten unter asymmetrischen Lasten nicht wie ein altmodischer Pfannenuntersatz verziehen.

Die Reichenauer Brücke ist die letzte der Gattung der Fachwerke mit vierfachem Strebenzug. Mit ihr gelangte dieser Brückentyp sozusagen zur abschließenden Vollendung, sie ist noch handwerklich dem 19. Jahrhundert verhaftet, während die Thusner Brücke das 20. Jahrhundert einleitet, das Jahrhundert der „Konsolidierungsphase der Baustatik" nach Karl Eugen Kurrer. Die Reichenauer Brücke ist einerseits offensichtlich bis heute Teil des Rests eines starken Brückenensembles mit der

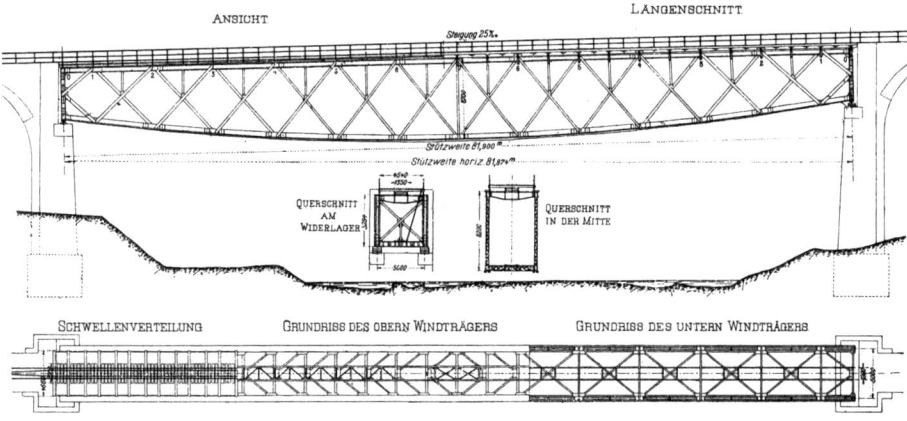

erhaltenen 1881er „Schlossbrücke" über den vereinigten Rhein, andererseits aber gleichzeitig Teil einer nicht direkt sichtbaren geschichtlichen Entwicklung. Die räumliche wie die zeitliche Dimension belegen ihre hohe Bedeutung als Baudenkmal.

Es war nicht einfach, der alten Fotografie eine heutige gegenüberzustellen (siehe noch einmal Bild 4). Nicht nur die Verkehrswege, auch der Wald und das Unterholz haben sich vermehrt – dank eines umgestürzten Baums konnte ich immerhin eine annähernd vergleichbare Aufnahme machen. Sie öffnet den Blick auf eine in Teilen versehrte Landschaft. Was bei der schmalen Bahnlinie noch maßvoll erfolgte, führte beim Bau der Nationalstraße A13 (die Route ins Tessin durch den San-Bernardino-Tunnel) zu einem engen Sich-Durchzwängen zwischen Berg und bestehenden Brückenbauten, unter Degradierung der bestehenden Widerlager zu mehr oder weniger langen Stummeln. Weiter bilden die neueren Straßenbrücken über Hinter- und Vorderrhein eine Art Anti-Ensemble zu den alten Fachwerkbrücken. Obwohl von bedeutenden Brückenbauern konzipiert, sind sie doch Entwürfe, die eine in sich sehr stimmige und kohärente Brückenlandschaft gesprengt haben.

Dennoch ist Reichenau mit dem Zusammenfluss der Rheine eine nach wie vor bedeutende und von zahlreichen wertvollen Zeitzeugen geprägte Landschaft. Deshalb wurde die Aufgabe, an dieser Stelle eine ergänzende Eisenbahnbrücke zu bauen, von der Rhätischen Bahn als wichtig genug erachtet, hierfür einen Projektwettbewerb durchzuführen. Dieser fand im Jahr 2015 statt.

Das Verfahren

Es handelt sich um den ersten formellen Brückenwettbewerb in der Geschichte der Rhätischen Bahn. Sicherlich wurden schon zu Zeiten des Bahnbaus für Stahlbrücken verschiedene Offerten und Entwürfe eingeholt, aber das waren keine Auswahlverfahren im Sinn der Regeln des Schweizerischen Ingenieur- und Architektenvereins (SIA). Die steinernen Brücken wurden entweder von der Bahngesellschaft selbst projektiert oder freihändig an Vertrauenspersonen vergeben. Man kann also ein UNESCO-Weltkulturerbe-Label auch ohne Wettbewerbe erreichen.

Im vorliegenden Fall entschied man sich für einen offenen anonymen einstufigen Wettbewerb. Es zeigt sich, dass dadurch eine erfreulich breite Palette von Vorschlägen eingegangen ist. Selbstverständlich gäbe es schlankere, billigere und raschere Verfahren, um die Planungsarbeit für eine derartige Brücke zu vergeben. In Graubünden hat das offene Verfahren jedoch eine lange Geschichte. Die teilweise hohe Baukultur hier verdankt sich auch den offenen Verfahren – sei es für Ingenieure oder für Architekten.

Natürlich ist der unmittelbare Anlass eines Wettbewerbs, ein gutes Projekt und ein fähiges Planungsteam zu finden. Aber wir sollten den Wettbewerb nicht auf ein administratives Verfahren herunterbrechen. Der Wettbewerb ist auch ein kultureller Akt. Es gehört zu den Besonderheiten der Berufe des Ingenieurs und des Architekten, dass sie sich bisweilen treffen, um anhand einer konkreten Aufgabe über Sinn und Unsinn bestimmter Entwurfshaltungen zu diskutieren – und eben dies geschieht in einem Planungswettbewerb. Der Wettbewerb wird damit zu einem Forum, das Zeichen setzt, Werthaltungen prägt und Weiterbildung vermittelt. Aus diesem Grund soll sich ein Wettbewerb nicht allein auf den ersten Preis konzentrieren; auch die nachfolgenden Projekte gewinnen in diesem Prozess ihre Bedeutung und selbst diejenigen Beiträge, die scheitern, können bereichernd sein – wir wissen auch alle, dass es bei Aufgaben wie der vorliegenden ja nicht nur die eine und einzige Lösung gibt.

Es gab auch den Wunsch, mit einer kleinen Jury zu arbeiten, um nicht lange Zeit nach dem kleinsten gemeinsamen Nenner zu suchen. Große Jurys tendieren zu mehrheitsfähigen Projekten, kleine Jurys können pointierte Entscheide vornehmen. Der Wettbewerb wurde deshalb von einer fünfköpfigen Jury beurteilt.

Die Jury war nicht einfach offen für alles: Sie versuchte bereits im Programm des Wettbewerbs, ihre Gedanken zum Projekt so gut es möglich war zu formulieren. Dies betraf vor allem die Situation der Brücke, ihre Höhenlage sowie die Abstützpunkte und die Höhenentwicklung der möglichen Tragwerke:

Die neue Brücke wird oberstrom (südlich) der bestehenden Brücke stehen. Diese Lösung tangiert die Flussufer am wenigsten (eine nördlich gelegene Brücke würde über eine längere Strecke dem Südufer des vereinigten Rheins folgen). Künftig werden die Züge der stärker frequentierten Albulalinie hauptsächlich die neue Brücke benutzen. Dadurch verlängert sich die Lebensdauer der bestehenden Brücke wegen geringerer Materialermüdung. Auch belässt die südlich platzierte neue Brücke den räumlichen Zusammenhang von Schloss Reichenau und den beiden ähnlich alten Fachwerkbrücken im heutigen Zustand.

Die Gleisgeometrie beim Widerlager Seite Thusis/Ilanz ist durch die weiter westlich stehenden Überführungen über die Kantonsstraße nach Tamins gegeben. Zwischen den Überführungen über die A13 und dem Bahnhof Reichenau-Tamins soll die heute auf kurze Distanz mehrfach gekrümmte Linienführung gestreckt werden. Die bestehende Stützmauer südlich der Gleise wird bergwärts versetzt. Der parallel zur Bahn höher führende „Polenweg" muss in diesem Bereich neu angelegt werden. Dieser lässt sich im Bild 4 rechts erkennen.

Seitens der Rhätischen Bahn wurden für die neue Brücke drei mögliche Linienführungen A, B und C vorgeschlagen, die bahnbetrieblich gleichwertig und in Bild 6 vorgestellt sind. Die Wahl der Linienführung und die Entscheidung für einen bestimmten Brückentyp standen in einem engen Zusammenhang. Die Wettbewerbsteilnehmer konnten eine der drei vorgeschlagenen Linienführungen wählen.

Die neue Spur der RhB wird entweder auf einer separaten Brücke oder mit einer in die zweite Hinterrheinbrücke integrierten Brückenöffnung über die Nationalstraße A13 geführt. Anschließend wird die bestehende Überführung der RhB über die Nationalstraße ersetzt. Dieser Ersatz war Teil des Projektwettbewerbs.

Neue Pfeiler müssten in der Flucht der heutigen stehen, schrieb die Jury. Damit wird ein ungestörter Wasserdurchfluss des Hinterrheins gewährleistet und die Kolk-

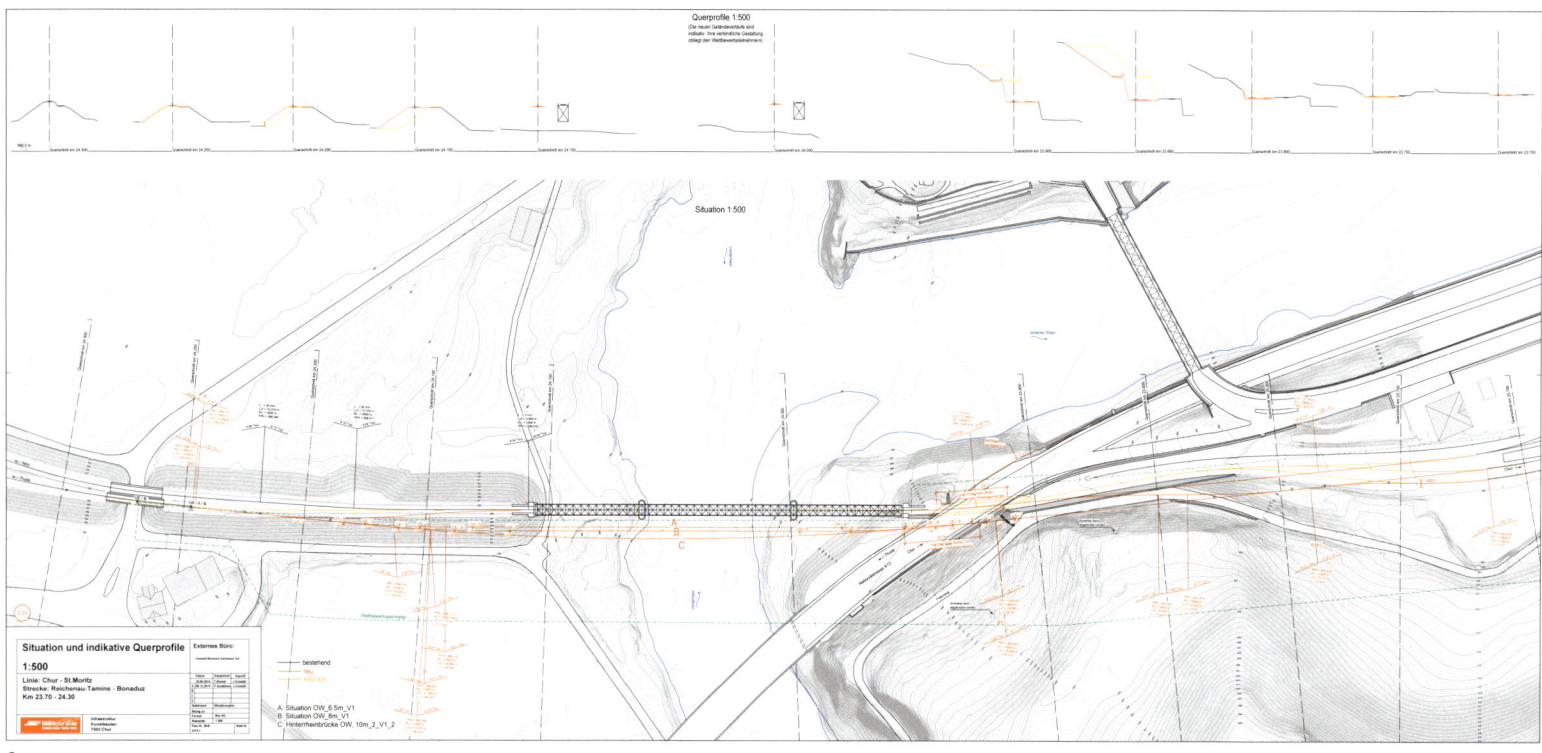

6

gefahr auf die Pfeiler minimiert. Die Jury gab somit vor, dass die zweite Hinterrheinbrücke zwei neue Flusspfeiler erhalten und dadurch ähnliche Spannweiten wie die bestehende aufweisen wird.

Neben diesen verbindlichen Vorgaben formulierte die Jury ihre Meinung, dass zur Beibehaltung der bestehenden Silhouetten und Sichtbeziehungen in der Umgebung der Brücke ein obenliegendes Tragwerk nicht wesentlich über die Geländerhöhe der bestehenden Brücke hinausragen sollte. Schließlich trägt die bestehende Brücke bereits jetzt den höchstgelegenen aller Verkehrsträger der Rheinebene. Letztlich war diese Entscheidung aber den Wettbewerbsteilnehmern überlassen.

Die bei Wettbewerben oft inflationär eingesetzten Renderings wollte die Jury vermeiden; stattdessen musste jeder Teilnehmer ein Modell abgeben, denn eine Jury, die Urteile zur Architektur von Brücken abgibt, ohne Modelle zu konsultieren, ist unseriös.

Der Ablauf

Die 42 eingegangenen Wettbewerbseingaben wurden für die Vorprüfung nummeriert und bestimmten Gruppen zugeordnet. Dabei waren Aspekte der Tragwerkssysteme und der Materialität maßgebend. Einzelne Projekte wiesen Programmverstöße vor allem bei der Stellung der Flusspfeiler auf, sie wurden von der Preiserteilung ausgeschlossen, sonst aber wie alle anderen beurteilt.

Eine Jury kann „Konzepte" oder „Projekte" beurteilen. Dieser Unterschied wird oft nicht bewusst wahrgenommen. Im ersten Fall kann eine Jury zum Schluss kommen, dass die Aufgabe mit einem bestimmten Konzept am besten gelöst wird. Dann werden die besten Eingaben dieses Konzepts prämiert. Diese können sich dann durchaus ähnlich sehen. Allgemein gesprochen, könnte eine Jury in einer bestimmten Situation lauter Bogenbrücken prämieren. Im Gegensatz dazu werden in einer Jurierung nach „Projekten" die besten Repräsentanten unterschiedlicher Konzepte verglichen, also die beste Hängebrücke, die beste Bogenbrücke, der beste Balken. Beim vorliegenden Wettbewerb zeigte es sich, dass die Frage nach dem besten Konzept nicht allgemeingültig beantwortet werden konnte. Das führte, wie oft, zu einer Jurierung nach Projekten.

Die Beurteilung erfolgte nach den folgenden Kriterien:
1 Konzept: Konzept der Neuanlage; Qualität der gesamten Eingriffe, nicht nur der Brücke, ins bestehende Orts- und Landschaftsbild
2 Tragwerke: Sinnvolle Konstruktionen; Bezug zur bestehenden Brücke; architektonische Qualität
3 Technische Qualität: Konstruktive Durchbildung; materielle Ausbildung; Bauverfahren; Wirtschaftlichkeit (Baukosten, Unterhaltskosten); Dauerhaftigkeit; Unterhaltsfreundlichkeit

Nach einem ersten Durchgang mit intensiven Diskussionen verblieben noch 17 Projekte. Am Abend des ersten Jurytages wurde der zweite Durchgang abgeschlossen, und es verblieben nur noch drei Projekte als mögliche Preisträger. Es handelte sich um:
   Nr. 19   Two by two
   Nr. 22   Premura
   Nr. 32   Sora giuvna
Alle diese Projekte folgen der Linienführung C; sie sind entweder V-Stiel-Systeme oder stark gevoutete Träger.

6 Die drei möglichen Linienführungen der zweiten Hinterrheinbrücke

Seite 169:
7 Der Entwurf Placidus
8 Der Entwurf Two by two
9 Der Entwurf Sumegliant
10 Der Entwurf Premura
11 Der Siegerentwurf Sora giuvna

Die Jury besichtigte nochmals den Ort, nun unter dem Eindruck der Diskussionen um die Projekte. Die Haltung, die offensichtlichen Eingriffe auf das Gelände unterhalb der Bahnlinie zu beschränken, wurde begrüßt. Auch zeigten sich nochmals die Bedeutung der A13-Querung, die von der alten Schlossbrücke aus im Vordergrund steht, und der scharfe Gegensatz von Bahn- und Straßenbrücke über den Hinterrhein, der von der neuen Brücke sozusagen eine Parteinahme verlangt. Da die Jury sich verpflichtet hatte, vier bis sechs Preise zu vergeben, wurden am nächsten Tag sogenannte Rückkommensanträge gestellt. Schließlich bestimmte man am dritten Jurytag die Preisträger, die da sind:

5. Preis   Nr. 03, Placidus
4. Preis   Nr. 19, Two by two
3. Preis   Nr. 07, Sumegliant
2. Preis   Nr. 22, Premura
1. Preis   Nr. 32, Sora giuvna

Unter den Preisträgern finden sich durchaus gegensätzliche Konzepte. Dies spiegelt eine pluralistische Haltung der Jury gegenüber einer vielschichtigen Aufgabe wider. Bei *Placidus* anerkennt die Jury die Suche nach einer einerseits kompromisslos neuzeitlichen Brücke, die aber andererseits doch über zahlreiche geometrische und landschaftliche Bezüge zur bestehenden Brücke verfügt. *Sumegliant* versucht das Gegenteil: Hier ist die bestehende Brücke Ausgangspunkt für ein manieristisches Raumfachwerk, das durch die Verdrehung der einzelnen Fachwerkebenen eine zu große Anzahl Knoten vermeidet und gleichzeitig ein in Querrichtung selbststabilisierendes System erzeugt. *Two by two* folgt dem Muster des V-Stiel-Prinzips, ist aber als Rahmensystem mit horizontal verschieblichem Überbau in seinen Abmessungen kräftiger als das Siegerprojekt. *Premura* ist für sich gesehen als Konzept und in den Details sehr überzeugend – die Jury fand jedoch den Bezug zur bestehenden Brücke bei *Sora giuvna* besser ausgearbeitet. Hier frappierte vor allem der Ansatz, mit nur zwei Brücken (einer bestehenden und einer neuen) sämtliche Probleme zu lösen. Das Projekt ist „synthetisch" im besten Sinne: Der Trogquerschnitt ist für die A13-Querungen wie für die Flussbrücke gut geeignet, die aufgelösten V-Stiele tragen die weit außen liegenden Träger und ermöglichen dennoch elegante schmale Pfeiler, der schwierige Übergang bei der A13 wird durch die im Grundriss abgedrehte V-Stütze souverän gelöst und lässt das Widerlager der bestehenden Brücke unbehelligt, das Zusammenwachsen der beiden Brücken vermeidet schwierige Unterhaltsprobleme. Neben all diesen Vorteilen lässt *Sora giuvna* den Blick auf die bestehende Brücke vergleichsweise sehr offen.

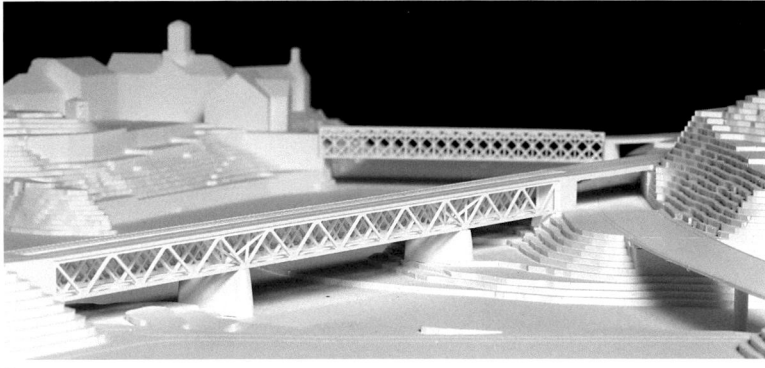
7

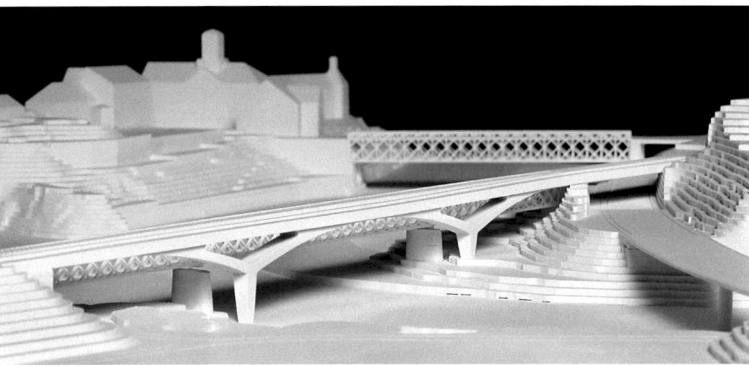
8

9

10

11

Einzelne Wertungsaspekte

Die Paarbildung bei hohem Altersunterschied war wesentliche Aufgabe dieses Wettbewerbs. Man kann in derartigen Situationen an die Bildung von Analogien denken, etwa an das Anbauen in ähnlicher Art (Luegelkinnbrücke an der Lötschberg-Südrampe, Bild 12) oder an die Transformation der Niettechnik in Schweißen und Schrauben unter Beibehalten des Stabsystems wie bei den beiden Brücken im Bahnhof Landquart (Bild 13). Zwischen Fachwerken von 1910 und 1972 besteht offensichtlich eine Artverwandtschaft, die zwischen 1896 und 2015 nicht mehr gegeben ist.

Eine ganze Reihe von Beiträgen suchte die Nähe zur bestehenden Fachwerkbrücke, sie bilden sozusagen eine „Doppelspurbrücke" mit getrennten Tragwerken. Diese Projekte folgten meist der über dem Fluss geradlinigen Linienführung A parallel zur bestehenden Brücke. Einige Projekte gehen so weit, die bestehenden Pfeiler für das neue Tragwerk zu verbreitern, was die Zweisamkeit beider Brücken natürlich besonders betont. In Bezug auf den Überbau sind von der fast wörtlichen Kopie über freiere Interpretationen des alten Tragwerksystems zu neuzeitlicheren großmaschigen einfachen Strebenzügen praktisch alle möglichen Haltungen vertreten. Beispielsweise setzt das Projekt *Hinterrheinlinie* (Bild 14) einen neuen historisierenden Fachwerkträger direkt neben die bestehende Brücke. Allerdings ist das östliche Randfeld wegen der Autostraße verkürzt, was in den Augen der Jury die Wirkung schmälert.

Interessant sind dabei auch die zwei eingereichten betonierten Fachwerke in gegensätzlicher Art: Während mit dem Rautenfachwerk von *Fachwerk XXI* (Bild 15) eine typische Form der Brücken des 19. Jahrhunderts vereinfacht und monumentalisiert wird, arbeitet der Entwurf *Ensemble* (Bild 16) eher im Geist der großen seinerzeitigen Brückenbauer; die Folge von langen flachen vorgespannten Zugstreben und kurzen Druckdiagonalen ist statisch und konstruktiv einleuchtend.

Die Jury hat sich letztlich gegen die Fachwerke entschieden. Sie fühlte sich einer Tradition von eher pragmatischen Ingenieurbauten verpflichtet. Diese Suche nach Selbstverständlichkeit ist auch der Grund, weshalb andere allzu forciert erscheinende Entwürfe schließlich keine Preise erhielten. Sowohl der überschlanke Stahlkasten wie auch die volle Platte mit 63 Metern Spannweite gehen an die Grenze des Machbaren und bezahlen das mit einem erheblichen Materialaufwand. Selbst wenn sich die entsprechenden Mehrkosten im Rahmen des umfangreichen Gesamtauftrags nicht besonders

12

13

12 Der nachträglich auf Doppelspur ausgebaute Luegelkinnviadukt der Lötschbergbahn
13 Die beiden Landquartbrücken der Schweizerischen Bundesbahn: Hinten die genietete Konstruktion von 1910, vorne die geschweißte und geschraubte Brücke von 1972
14 Der Entwurf *Hinterrheinlinie*

Seite 171:
15 Der Entwurf *Fachwerk XXI*
16 Der Entwurf *Ensemble*

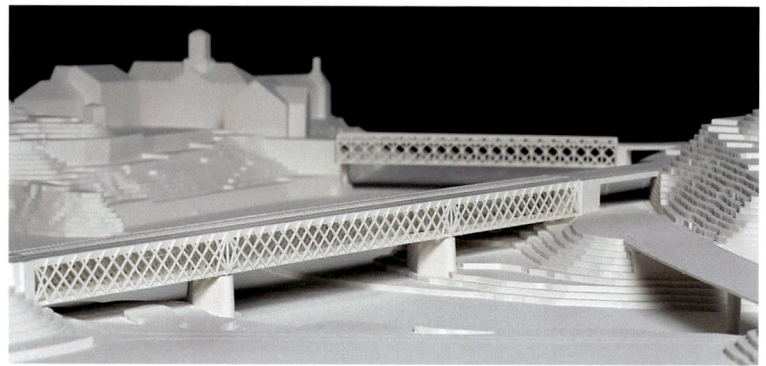

14

stark ausprägen, empfand die Jury diese Projekte als zu angestrengt.

Eine weitere Gruppe umfasst mehr oder weniger konstant hohe Träger, die in der Regel etwa halb so hoch wie das bestehende Fachwerk sind. Unter diesen finden sich sehr sorgfältig ausgearbeitete Projekte. Und in der Tat handelt es sich dabei meist um grundsätzlich leistungsfähige und wirtschaftliche Systeme, die für eine freistehende Brücke ohne Weiteres denkbar wären. Im vorliegenden Fall verdecken sie jedoch die bestehende Brücke in der Ansicht von Süden zur Hälfte. In der Nordansicht bilden sie einen dunklen Hintergrund für die obere Partie des alten Fachwerks. Hier entschied die Jury nicht pragmatisch, hier empfand sie das Nebeneinander von Fachwerk und „normalem" konstant hohem Vollwandträger als dem Wert der alten Brücke nicht entsprechend.

Wie in den Modellen erkennbar, sind Brücken mit langgezogenen Vouten in dieser Hinsicht besser, vor allem auch, weil sie alle mit Linienführung C von der bestehenden Brücke stärker abrücken.

Sechs Entwürfe arbeiten mit V-Stielen. Sie führen zu ausgewogenen Spannweiten für Durchlaufträger, die sich über die ganze Brückenlänge inklusive der Querung der A13 erstrecken. Die daraus entstehende Einheitlichkeit der Brücke über ihre ganze Länge wurde begrüßt. Die Verleihung des ersten Preises innerhalb dieser Konzeptgruppe an *Sora giuvna* begründete die Jury mit der guten Ensemblewirkung, da der hochliegende Trogquerschnitt die bestehende Brücke in der Südansicht wenig abdeckt, und mit der souveränen dreidimensionalen Formgebung des neuen Tragwerks.

Die neue Brücke besitzt einen starken Bezug zur bestehenden Brücke, vermag aber auch als selbstständiges Bauwerk zu überzeugen.

Ausblick

Dank der früh eingeleiteten Kontakte mit den Ämtern verlief die Projektierung nach dem Wettbewerb zügig. Die Brücke ist gegenwärtig im Bau und wird Ende 2018 in Betrieb genommen. Ansichten der nahezu fertiggestellten Brücke in ihrer Umgebung werden nun noch zum Abschluss präsentiert, wobei Bild 17 noch einmal die Perspektive der Bilder 3 und 4 aufgreift und Bild 18 die gelungene Ensemblewirkung der beiden Brücken visualisiert.

Bauingenieurwettbewerbe im Hochbau

Der Bauingenieurwettbewerb kann auch im Hochbau für alle Beteiligten interessante Resultate liefern. Unter „Bauingenieurwettbewerb" ist hier nicht der klassische Ingenieurwettbewerb zu verstehen, sondern ein kürzeres, vielfältiges und anpassungsfähiges Verfahren, das sich im Hochbau zwischen die „Team-Wettbewerbe" und die „Submissionsverfahren mit Konzepteingabe" einreiht. Der Team-Wettbewerb ist in meinen Augen nur für diejenigen Aufgaben geeignet, bei denen die Zusammenarbeit zwischen Architekt und Bauingenieur von Anfang an stattfinden muss, beispielsweise für große Sportstadien. Bei Bauvorhaben von hauptsächlich städtebaulich-architektonischer Bedeutung besitzt der Team-Wettbewerb aber auch Nachteile, denn es gibt in der Regel mehr teilnahmewillige Architekten als Ingenieure. Das heißt, die Gruppenbildung beruht darauf, wer am schnellsten auf die Ankündigung eines Verfahrens reagiert. Sie wird dadurch zumindest teilweise zufällig, und die Bauingenieure wirken ungewollt als Selektionsinstrument für die Architekten. Umgekehrt besitzen in diesen Fällen Fragen der Tragkonstruktion bei der Beurteilung eher eine beiläufige Bedeutung, und es findet dadurch keine eigentliche Selektion der Ingenieure statt. Bei kleineren Aufträgen ist das Submissionsverfahren mit Konzepteingabe aus der Sicht der Ingenieure zwar

Am Verfahren Beteiligte

Stimmberechtigte Mitglieder der Jury:
Christian Florin, Leiter Infrastruktur RhB (Vorsitz);
Karl Baumann, Leiter Kunstbauten RhB;
Johannes Florin, Denkmalpflege Graubünden;
Quintus Miller, Architekt, Basel; Jürg Conzett, Bauingenieur, Chur (Moderation)

Siegerteam:
Flint Neill, Ingenieure, London;
WaltGalmarini, Ingenieure, Zürich;
Dissling+Weitling, Architekten, Kopenhagen;
Hager Partner, Landschaftsarchitekten, Zürich

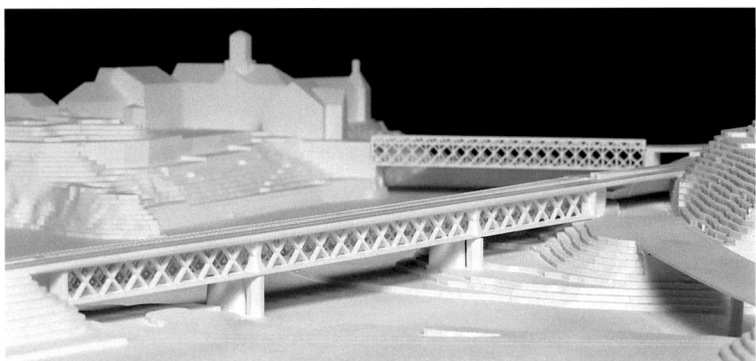

15

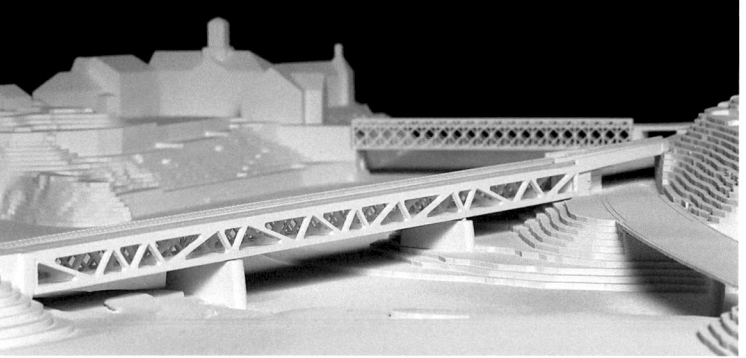

16

17

besser als die reine Honorarsubmission; es birgt in sich jedoch die Gefahr einer gewissen Oberflächlichkeit, da die Beurteilung üblicherweise nicht nach den formalen Regeln des SIA durch eine Jury erfolgt.

Der Bauingenieurwettbewerb im Hochbau kann nach meiner Erfahrung durchaus auch anschließend an einen erfolgreichen Architekturwettbewerb durchgeführt werden. Das Interessante an diesem Verfahren ist, dass sich die Beteiligten (Bauherrschaften, Architekten, Jury) für eine bestimmte Zeit im Planungsprozess gezielt Fragen der Tragwerksgestaltung zuwenden. Selten werden sonst Fragen der Leistungsfähigkeit unterschiedlicher konstruktiver Lösungen und der Wechselwirkung zwischen Tragwerk und Architektur derart intensiv diskutiert wie während der Beurteilung eines derartigen „nachgeschalteten" Bauingenieurwettbewerbs.

Natürlich ist der Erfolg dieses Verfahrens an bestimmte Voraussetzungen gebunden: Das zugrunde liegende architektonische Konzept muss ein sinnvolles Tragwerk überhaupt ermöglichen, und aus den Resultaten des Bauingenieurwettbewerbs sind Rückwirkungen auf das architektonische Konzept zu erwarten, was von Bauherrschaft und Architekt eine entsprechende Offenheit verlangt. Nach meiner Erfahrung handelt es sich bei dieser Form des Bauingenieurwettbewerbs noch nicht um ein allgemein bekanntes und anerkanntes Verfahren. Das

Seite 172:
17 Der Blick von Westen mit der neuen Hinterrheinbrücke (vgl. Bild 4)

18 Blick von unterhalb auf die nahezu fertige neue Brücke mit der alten Brücke im Hintergrund

18

hat einerseits mit dessen Zeitbedarf zu tun, andererseits aber auch mit dem immer noch verbreiteten Berufsbild des Ingenieurs als „Rechner". Der Bauingenieurwettbewerb ist ein überzeugendes Mittel, diesem Vorurteil entgegenzutreten – mich hat jedes Mal die Vielfalt der eingegebenen Lösungsvorschläge, selbst bei anscheinend einfachen Aufgaben, überrascht. Tatsächlich ist der mögliche Anwendungsbereich für Bauingenieurwettbewerbe vielfältig. Das Verfahren ist sehr gut auch für kleinere Aufgaben geeignet, und gerade hier könnte es einen Beitrag dazu leisten, die Wahl von Bauingenieuren nach qualitativen Auswahlkriterien wieder zur Regel werden zu lassen, denn kleinere Aufträge sind vielfach deren tägliches Brot.

Manche der – noch wenigen – bisher durchgeführten Verfahren betreffen Situationen, in denen üblicherweise keine Wettbewerbe durchgeführt werden. Sie weiten damit das Wettbewerbswesen auf bisher eher unerschlossene Gebiete aus. Ich wage zu behaupten, dass damit bei den Bauherrschaften auch eine gewisse Aufklärung über die Vielfältigkeit der Bauingenieurarbeit stattgefunden hat.

Jürg Conzett

BAUKULTUR IN DEUTSCHLAND – INGENIEURWETTBEWERBE IM BRÜCKENBAU

Die Aurachtalbrücke als gelungenes Beispiel eines Brückenwettbewerbs

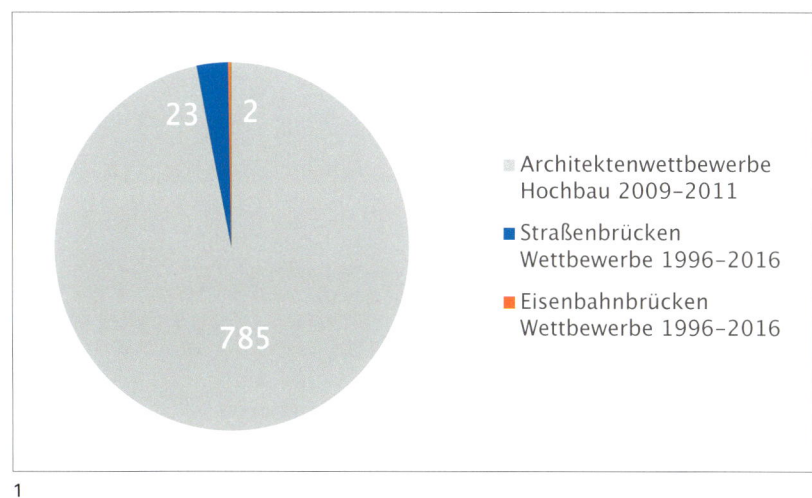

1 Wettbewerbe im Vergleich

Erfreulicherweise wird die Debatte über Baukultur in Deutschland in den letzten Jahren immer stärker geführt. Das Interesse an der Gestaltung unserer Städte, Dörfer und Quartiere wächst. Das ist zu einem guten Teil der Vermittlungs- und Netzwerkarbeit der Bundesstiftung Baukultur zu verdanken. Aber auch das Bundesbauministerium, die Länder, viele Kommunen und vor allem zahlreiche zivilgesellschaftliche Initiativen haben baukulturelle Themen vorangebracht.

Das Bundesbauministerium verfolgt bei der Förderung der Baukultur einen ganzheitlichen Ansatz, der alle Faktoren zur Herstellung und Bewahrung von Qualität der gebauten Umwelt und der dazugehörigen Verfahren und Prozesse beinhaltet. Baukulturelle Aspekte spielen selbstverständlich bei der Bewältigung aktueller Herausforderungen im Wohnungsbau sowie bei der Transformation von Stadt- und Landschaftsbildern – etwa in Folge von Migration, demografischem Wandel und Klimawandel – eine besondere Rolle. Sie beeinflussen die Wohn- und Lebensqualität aller. Wichtige baukulturelle Ziele, der Erhalt unseres baukulturellen Erbes für künftige Generationen ebenso wie das sensible Weiterbauen im historischen Kontext und das qualitätsvolle und innovative Neubauen finden ihren Ausdruck in einer stärker werdenden Planungs- und Beteiligungskultur. So gibt es in Deutschland beispielsweise mittlerweile 130 fest in Städten und Kommunen verankerte Gestaltungsbeiräte.

Diese größtenteils positive Entwicklung bezieht sich jedoch hauptsächlich auf die Gestaltung unserer Hochbauten, öffentlicher Räume, Quartiere und Dörfer. Neuplanung, Pflege und Erhalt von Infrastrukturmaßnahmen fristen ein baukulturelles „Schattendasein".

Sowohl bei Anwohnern und Nutzern als auch bei Entscheidungsträgern ist das Bewusstsein um die baukulturelle Bedeutung von Brücken, Lärmschutzwänden, Rastanlagen etc. meist gering. Dabei sind diese Bauwerke weithin sichtbar. Sie prägen unser Landschaftsbild und zu einem großen Teil unsere Städte und Dörfer. Oft bestimmen sie sogar neben dem Kirchturm die Silhouette von Ort- und Landschaften.

Hier muss die Diskussion um Baukultur, um die Qualität unserer Bauwerke ansetzen. Es ist allgemein anerkannt, dass sich funktionale, technische wie auch ästhetische Qualität für Planung und Bau nur durch eine Auswahlmöglichkeit unter vielen Lösungen erreichen lässt. Ein Planungswettbewerb ist ein hervorragendes Instrument dafür. Doch die Vorbehalte gegenüber Wettbewerben sind bei Auftraggebern und Projektleitern groß. Zu zeitaufwendig und zu teuer – nach wie vor lauten so die Argumente gegen Wettbewerbe. Das Bundesbauministerium hatte in einer Forschungsstudie 2013 vom Büro competence for competitions (C4C) die Aufwendungen für Planungswettbewerbe von 19 Hochbauvorhaben untersuchen lassen.

Das Ergebnis zeigte: Zeit und Kosten für Planungswettbewerbe sind in Bezug auf den gesamten Planungsprozess völlig zu vernachlässigen. In jedem der untersuchten Verfahren hatten andere, unerwartete Einflussfaktoren wesentlich stärkere Auswirkungen auf Dauer und Kosten des Planungsverfahrens.

Doch wie sieht es im Bereich der Infrastrukturmaßnahmen aus? Dieser Frage ist das Ressortforschungsprojekt „Baukulturpolitik in Deutschland – Aufgaben für Infrastrukturmaßnahmen" durch Wettbewerbe oder qualifizierte Gremien nachgegangen. Analysiert wurden durch Wettbewerbe oder qualifizierte Gremien beeinflusste, realisierte Straßenbrücken des Bundes oder von Kommunen sowie Eisenbahnbrücken im Hinblick auf die Fragestellung, welche Auswirkungen diese Instrumente auf Planungs- und Realisierungskosten, die Dauer der Erstellung und die Qualität des Ergebnisses hatten. Die Erkenntnisse wurden dann mit Standardplanungen verglichen.

2

Die umfangreiche und intensive Recherche bei realisierten Straßen- und Eisenbahnbrücken ergab ein noch negativeres Bild als befürchtet: In 16 Jahren wurden lediglich 23 Straßenbrücken- und 2 Eisenbahnbrückenwettbewerbe durchgeführt, das entspricht 0,006 % der Wettbewerbe im Hochbau (Bild 1). Damit bleibt, das Instrument des Planungswettbewerbes im Bereich des Straßen- und Eisenbahnbrückenbaus weitestgehend ungenutzt.

Für die zeitlichen Auswirkungen von Planungswettbewerben zeigten die weitergehend recherchierten 15 Verfahren mit Wettbewerben und 10 durch die Beratung des Brückenbeirates beeinflussten Planungsverfahren, dass die erforderliche Zeit für einen Realisierungswettbewerb (2 bis 10 Monate) im Vergleich zu der für den gesamten Vorbereitungs- und Planungsprozess erforderlichen Zeitspanne verschwindend gering ist. Andere Faktoren, wie zum Beispiel die Sicherstellung der Finanzierung, die Erlangung des Planrechts oder die Integration der Baumaßnahme in die betrieblichen Abläufe (Sperrpausenanmeldungen), beeinflussen die Planungs- und Projektlaufzeit deutlich mehr als ein Wettbewerbsverfahren (Bild 3).

Hinsichtlich der Kosten wirken sich die Wettbewerbskosten, bestehend aus der Wettbewerbssumme und zusätzlichem Aufwand im Projektmanagement für Auslobung, Vorprüfung etc. (in den Interviews wegen geringer Erfahrungen mit Wettbewerben als hoch empfunden, tatsächlich meist unter der Wettbewerbssumme), auf die Gesamtprojektkosten sehr gering aus (Bild 4).

2 Allerbrücke Verden: Bauen in historischer Kulturlandschaft, Beratung der Planung durch den Brückenbeirat
3 Planungs- und Bauzeit der analysierten Projekte und Dauer der Wettbewerbe
4 Wettbewerbskosten bezogen auf die Baukosten

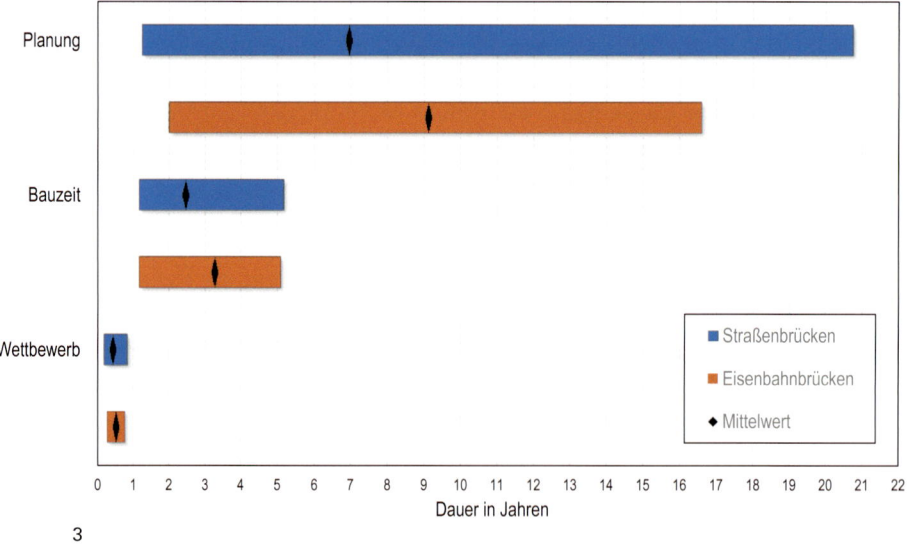

3

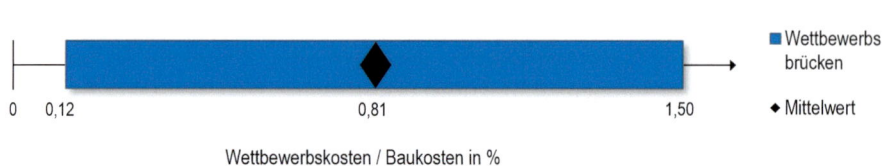

4

Bei der Analyse der Auswirkungen auf die Baukosten zeigten sich deutliche Unterschiede zwischen Straßen- und Eisenbahnbrücken. Die Wettbewerbsprojekte bei Straßenbrücken kosteten in 9 von 13 Fällen mehr als die meisten anderen Projekte in der gleichen Stützweitenklasse.

Ursachen liegen einerseits darin, dass Wettbewerbsverfahren bei Brückenplanungen angewendet wurden, deren planerische und bauliche Randbedingungen besonders kompliziert waren (z. B. notwendige Integration von Altbestand). Dies führt unabhängig von einem Wettbewerbsverfahren zu höheren Baukosten.

Andererseits wurde in der Auswertung der Juryprotokolle auch eine Akzeptanz höherer Baukosten deutlich, wenn die jeweils ausgewählten Preisträgerarbeiten geringere Lebenszykluskosten und/oder einen deutlichen gestalterischen Mehrwert aufwiesen.

Dagegen liegen die Baukosten der 12 Eisenbahnbrücken, die durch Empfehlungen des Brückenbeirats oder im Wettbewerbsverfahren beeinflusst wurden, sämtlich unterhalb der durchschnittlichen Baukosten der Vergleichsprojekte. Eine Ursache liegt darin, dass dem Brückenbeirat für seine Beratungstätigkeit auch die zwingende Vorgabe erteilt wurde, dass durch technische und gestalterische Verbesserungen in keinem Projekt Mehrkosten entstehen dürfen.

In der Gesamtschau hat die Auswertung der Daten ergeben, dass Wettbewerbe kaum einen Einfluss auf den zeitlichen Ablauf oder auf die Projektkosten hatten. Betriebliche oder planrechtliche Randbedingungen bzw. Störungen im Bauablauf haben wesentlich gravierendere Auswirkungen.

Finanzielle oder zeitliche Gründe sollten daher bei der Frage, ob ein Wettbewerb das geeignete Planungsverfahren ist, keine entscheidende Rolle spielen. Dagegen sollten Fragen der Qualität auf jeden Fall stärkere Beachtung finden. Interviews mit Planern und Projektverantwortlichen sowie die Auswertung von Juryprotokollen zu den recherchierten Projekten bestätigten die Annahme, dass durch Wettbewerbe bzw. durch die Beeinflussung kompetenter Gremien wie den Brückenbeirat eine höhere Gestaltungsqualität der untersuchten Brückenbauwerke entstanden ist und Innovationen im Brückenbau dadurch befördert werden konnten. Befragungen von Anwohnern und Nutzern hingegegen zeigten ein heterogenes Bild. Die gute Funktionalität steht hier im Vordergrund für eine positive Wahrnehmung. Unbedingt müssen die Öffentlichkeitsarbeit und Bürgerbeteiligung bei Planungsverfahren zu Brückenbauwerken verbessert werden.

Wir hoffen, dass die Ergebnisse des Forschungsvorhabens beitragen können, einen breiten Diskurs zum Thema Baukultur und Infrastruktur in der Fachöffentlichkeit, bei Planern, Entscheidungsträgern und Auftraggebern anzustoßen, um die Qualität der Planungs- und Bauprozesse sowie der realisierten Infrastrukturbauwerke zu verbessern.

Anne Keßler, Steffen Marx

5

6

5 Osthafenbrücke Frankfurt: Zeitgemäße Erschließung für ein Stadtquartier, entstanden nach einem interdisziplinären Realisierungswettbewerb
6 Lange Brücke Potsdam: Gestalterische Lösung für historisch bedeutende, innerstädtische Lage durch einen Planungswettbewerb

Ausführlicher wird die Thematik dieses Essays vorgestellt in: Marx, Steffen; Ostmann, Jessica; Zimmer, Hans: Baukulturpolitik in Deutschland – Aufgaben für Infrastrukturmaßnahmen. Endbericht des Forschungsvorhabens für das Bundesministerium des Innern, für Bau und Heimat (BMI), Eigenverlag Leibniz Universität Hannover, Institut für Massivbau, Hannover 2018

AUTOREN

Angelmaier, Volkhard geb. 1959, Dipl.-Ing.; Studium des Bauingenieurwesens an der Universität Stuttgart; 1987–1990 Projektingenieur/-leiter Ed. Züblin AG, Techn. Büro, Stuttgart; seit 1990 Leonhardt, Andrä und Partner; seit 2005 Prüfingenieur für Baustatik, Fachrichtung Massivbau, seit 2006 Fachrichtung Metallbau; seit 2007 EBA-Sachverständiger für bautechnische Prüfungen Massivbau, seit 2008 Stahlbau; 2008 Deutscher Brückenbaupreis; seit 2013 Vorstand der Leonhardt, Andrä und Partner Beratende Ingenieure VBI AG als Vorstand für den Inlandsbereich (Brücken) und für Sonderkonstruktionen.

Antuszewicz, Etienne geb. 1977, Ing. INSA de Lyon; 1997–2000 Bauingenieurstudium und Städtebau Hochschule INSA de Lyon; 2007–2008 Weiterbildung Schwerpunkt Holz im Weiterbildungszentrum Centre des Hautes Etudes de la Construction; seit 2012 Projektleiter bei Bollinger + Grohmann Ingenieure in Paris.

Behnke, Ron-Marten geb. 1975; 2000–2008 Bauingenieur-Studium an der Technischen Universität Berlin; seit 2008 Ingenieur bei schlaich bergermann partner, Berlin; Projekte u. a. seilnetzgestützte Membrandächer in Wernigerode und Wolfsburg, Edelstahl-Monocoque Pavillon für Porsche, Yamuna-Straßenbrücke in Indien, Fußballstadion in Madrid.

Borowski, Michael geb. 1970; 1990–1997 Bauingenieurstudium TU Braunschweig; seit 1997 in der Ingenieurbüro Grassl GmbH.

Breitenbach, Martin geb. 1987, M. Sc.; 2008–2011 Studium Umweltingenieurwesen (Bachelor) an der TU München, 2011–2014 Studium Bauingenieurwesen (Master) an der TU München; seit 2015 Nachhaltigkeitsberater bei Werner Sobek Green Technologies; seit 2017 DGNB Consultant und KfW-Energieeffizienz-Experte.

Buthmann, Marco geb. 1972, Dipl.-Ing. (FH); 1992–1998 Studium Bauingenieurwesen an der Fachhochschule Hamburg; 1998–2003 Assistent der Geschäftsleitung bei der Edgar Buthmann Stahlbau GmbH, 2003–2015 Geschäftsführender Gesellschafter; seit 2001 Betriebswirt des Handwerks (Abendschule); seit 2015 Vorstand der Buthmann Ingenieur-Stahlbau AG.

Chen, Wei geb. 1975; 1993–1997 Bauingenieur-Studium an der Universität ChongQing, China; 2002–2004 Bauingenieur-Studium Universität Dortmund; seit 2005 Ingenieur bei schlaich bergermann partner in Stuttgart; seit 2012 erweiterte Geschäftsleitung von schlaich bergermann partner in Shanghai.

Conzett, Jürg geb. 1956; dipl. Bauingenieur ETH/SIA; Bauingenieurstudium EPF Lausanne 1975–1977, ETH Zürich 1978–1980; 1981–1987 Mitarbeiter von Architekt Peter Zumthor in Haldenstein; seit 1988 eigenes Ingenieurbüro, heute unter der Bezeichnung Conzett Bronzini Partner AG in Chur; 1985–2009 Dozent an der Fachhochschule Chur.

Curbach, Manfred geb. 1956; Prof. Dr.-Ing.; 1977–1982 Bauingenieurstudium Universität Dortmund; anschließend bis 1988 wissenschaftlicher Angestellter an den Instituten für Massivbau der Universitäten Dortmund und Karlsruhe; 1987 Promotion; 1988–1994 Projektleiter bei Köhler+Seitz; seit 1994 Universitäts-Professor am Institut für Massivbau der TU Dresden.

De Rycke, Klaas geb. 1980, Ir.-Arch.; 1998–2002 Studium Civil Engineer – Architect an der Rijksuniversiteit Gent, Belgien; 2002–2003 an der Escuala Tecnica Supérior de Arquitectura de Madrid, Spanien; seit 2003 bei Bollinger + Grohmann Ingenieure, seit 2007 Geschäftsführer von Bollinger + Grohmann in Paris, seit 2010 Partner; 2008–2011 Assistant Professor an der Universität Gent; seit 2011 Professor an der École nationale supérieure d'architecture de Versailles; seit 2013 Gastprofessor an der Faculté d'architecture, d'ingénierie architecturale, d'urbanisme (LOCI) in Tournai; seit 2017 Senior Teaching Fellow an der Universität The Bartlett School of Architecture in London.

Dengler, Christoph geb. 1971, Dipl.-Ing.; 1992–1999 Studium des Bauingenieurwesens an der Universität Stuttgart; 2000–2007 Projektingenieur bei Werner Sobek Ingenieure GmbH & Co. KG, Stuttgart; seit 2008 Engelsmann Peters Beratende Ingenieure GmbH, Stuttgart.

Engelsmann, Stephan geb. 1964, Prof. Dr.-Ing.; Maurerlehre; 1986–1991 Studium des Bauingenieurwesens an der TU München; 1991–1993 Projektingenieur im Ingenieurbüro Dr. Kupfer, München; 1993–1998 wiss. Assistent bei Prof. Dr.-Ing. Jörg Schlaich und Prof. Dr.-Ing. Kurt Schäfer, Institut für Konstruktion und Entwurf II, Universität Stuttgart; Dissertation über integrale Brücken; 1998–1999 Master-Studium der Architektur an der University of Bath; 1999–2007 Werner Sobek Ingenieure GmbH & Co. KG, Stuttgart; seit 2002 Professor für Konstruktives Entwerfen und Tragwerkslehre an der Staatlichen Akademie der Bildenden Künste Stuttgart; 2005–2008 Leiter des interdisziplinären Weißenhof-Institutes für Architektur, Innenarchitektur und Produktgestaltung der Staatlichen Akademie der Bildenden Künste Stuttgart; seit 2006 Engelsmann Peters Beratende Ingenieure GmbH, Stuttgart; 2007–2010 Prorektor der Staatlichen Akademie der Bildenden Künste Stuttgart; 2007–2014 Vizepräsident der Ingenieurkammer Baden-Württemberg; seit 2014 Präsident der Ingenieurkammer Baden-Württemberg.

Fahrion, Marc-Steffen geb. 1984, Dr.-Ing.; 2003–2009 Studium Bauingenieurwesen an der Universität Stuttgart, 2009–2015 wiss. Mitarbeiter am Institut für Baukonstruktion der TU Dresden, 2013–2015 Leiter der dortigen Forschungsgruppe „Fassadentechnik – Energie und Nachhaltigkeit"; 2015 Promotion: „Sommerlicher Wärmeschutz im Zeichen des Klimawandels – Anpassungsplanung für Bürogebäude"; seit 2016 Projektleiter bei Werner Sobek Green Technologies.

Fischer, Christian geb. 1987, Dipl.-Ing.; 2007–2012 Studium des Bauingenieurwesens an der TU Graz und der University of Calgary; seit 2013 Engelsmann Peters Beratende Ingenieure GmbH, Graz.

Fischer, Florian geb. 1977, Dipl.-Ing. Architekt; bis 2004 Studium in München und Madrid; danach verschiedene Büros; lehrte an der TU München, der Hochschule Luzern und der Universität Antwerpen; 2015 Gründungsmitglied und Vorsitzender des Aufsichtsrates der KOOPERATIVE GROSSSTADT; seit 2016 (Mit-) Geschäftsführung von Almannai Fischer in München.

Fuchshuber, Harald geb. 1970, Dipl.-Ing.; 1995–1999 Bauingenieurstudium an der FH München, Studienschwerpunkt Konstruktiver Ingenieurbau; 1999–2002 Fa. Baierl & Demmelhuber; 2003–2004 Fa. Holl Flachdachbau; seit 2004 Inhaber Ingenieurbüro Harald Fuchshuber; Bauvorlageberechtigter und Beratender Ingenieur in der Bayerischen Ingenieurekammer-Bau; Koordinator nach BaustellenV; Flib-zertifiziert für die Messung der Luftdichtheit von Gebäuden; Erstellung von EnEV-Nachweisen für Wohn- und Nichtwohngebäude; Gebäudethermografie.

Gebreiter, Daniel geb. 1982; Architekturstudium an der Universität Nottingham (2005) und der TU Berlin (2011), bis 2012 Postgraduiertenstudium in Digitaler Architektur (University of Bath); seit 2012 Architekt bei schlaich bergermann partner, Stuttgart, mit Schwerpunkt auf Geometrieentwicklung und -optimierung und digitalen Entwurfsmethoden.

Grassl, Martin geb. 1976; 1997–2004 Bauingenieurstudium TU München; seit 2004 in der Ingenieurbüro Grassl GmbH.

Hagelstein, Volker geb. 1956; 1976–1981 Studium Markscheidewesen Technische Universität Clausthal; 1981–1983 Referendariat Oberbergamt für das Saarland und das Land Rheinland-Pfalz; 1983–1987 Markscheider Bergwerk Warndt, Saarbergwerke AG; 1987–1994 Werksmarkscheider Bergwerk Warndt, Saarbergwerke AG; 1994–2004 Werksmarkscheider Bergwerk Warndt/Luisenthal, Saarbergwerke AG/RAG AG; 2004–2013 Werksmarkscheider Bergwerk Saar, RAG AG; seit 2011 Vorstandsmitglied Förderverein BergbauErbeSaar e.V.; 2011–2016 Projektleiter Saarpolygon, Förderverein BergbauErbeSaar e.V.

Helbig, Thorsten geb. 1967, Dipl.-Ing.; 1984–1987 Ausbildung als Maurer; 1987–1990 Anstellung als Maurergeselle; 1990–1994 Ingenieur- und Architekturstudium Fachhochschule Minden; 1994–2001 Projektleiter bei Schlaich Bergermann und Partner (Stuttgart); 2001 Mitbegründer Knippers Helbig Advanced Engineering (Stuttgart); 2009 Mitbegründer Knippers Helbig Inc. (New York, USA); 2013 Mitbegründer der Niederlassung in Berlin.

Hillers, Benny geb. 1977; 2000–2005 Bauingenieurstudium Technische Fachhochschule Berlin; 2005–2006 Tragwerksplaner Ingenieurbüro Holger Eismann Berlin; 2006–2009 Projektleiter Ingenieurbüro Bock Berlin und Bock Consulting Engineers Riga/Lettland; seit 2009 Projektleiter bei TEUFFEL ENGINEERING CONSULTANTS, seit 2013 Büroleiter Niederlassung in Berlin, seit 2015 dort Prokurist.

Kapusta, Jörg geb. 1972; 1994–2000 Bauingenieurstudium FH Hamburg; seit 2001 bei Strom- und Hafenbau/Hamburg Port Authority.

Keßler, Anne geb. 1971, Dipl.-Ing.; 1990–1996 Architekturstudium Bauhausuniversität Weimar, Tekniska Högskolan Göteborg; 1996–1998 Freie Mitarbeiterin in Architekturbüros und an der Opera Theater Company Dublin; 1998–2001 Referendariat für den höheren technischen Verwaltungsdienst in Mecklenburg-Vorpommern, große Staatsprüfung; seit 2001 Referentin im Bundesbauministerium (Referate Vergaberecht und Allgemeine Angelegenheiten des Bauwesens, seit 2015 Baukultur, städtebaulicher Denkmalschutz).

Köhler, Bernd geb. 1980, Dipl.-Ing. Architekt, 2000–2006 Architekturstudium am Karlsruher Institut für Technologie (KIT); 2003–2004 Studium der Plastik und Multimedia an der Staatlichen Hochschule für Gestaltung Karlsruhe (HfG); 2007–2016 Architekt bei HENN, München, Dubai/VAE, Peking/China und Shanghai/China; seit 2016 Projektleiter bei Werner Sobek Design.

Lindeberg Alsén, Knut Werner geb.1961, Journalist; 1986–1991 Studium Journalismus, Philosophie und Pädagogik in Volda, Nord-Trøndelag und Lillehammer, Norwegen; 1991–2001 Lehrer für Journalismus und Fotografie und praktizierender Journalist; 2001–2006 Kommunikationsberater an der Norwegian University of Life Sciences in Ås; 2006–2009 Kommunikationsberater für norwegische Industrieverbände für Ingenieure und Architekten; 2009 Gründung der Agentur Ingress in Oslo.

Ludwikowski, Agnes geb. 1986, Dipl.-Ing.; Studium des Bauingenieurwesens an der Universität Hannover; seit 2011 Projektingenieurin beim Ingenieurbüro Dr. Binnewies, Planung von Büro- und Verwaltungsbauwerken, Wohnbauten, Schulbauten sowie Umbauten.

Marx, Steffen geb. 1969, Prof. Dr.-Ing.; 1990–1995 Bauingenieurstudium in Weimar; 1995–1999 Promotion Bauhausuniversität Weimar; 1999–2001 BGS Ingenieursozietät 2001–2007 DB ProjektBau GmbH; 2007–2010 Honorarprofessor, TU Dresden; 2010–2011 Visiting Professor, UC San Diego; seit 2011 Professor für Massivbau, Leibniz Universität Hannover und Gesellschafter Marx Krontal GmbH.

Mommert, Jan geb. 1977, Dipl.-Ing.; 1997–2004 Bauingenieurstudium Technische Universität Berlin; 2005–2011 Projektleiter im Ingenieurbüro Eisenloffel, Sattler + Partner (GbR); seit 2011 Geschäftsführer im Ingenieurbüro EiSat GmbH.

Mühlberger, Jörg geb. 1979; 2000–2005 Bauingenieurstudium an der Universität Stuttgart; seit 2006 Ingenieur bei schlaich bergermann partner in Stuttgart mit Schwerpunkt auf der Planung von weitgespannten Dächern für Stadien sowie Messe- und Museumsbauten, u. a. in Deutschland und China.

Nagel, Werner geb. 1959, Dipl.-Ing.; Studium des Bauingenieurwesens an der TU Braunschweig; seit 1986 Projektingenieur/Projektleiter beim Ingenieurbüro Dr. Binnewies, Planung von Hoch- und Tiefbauprojekten sowie innerstädtischen Umbauten.

Oppe, Matthias geb. 1975, Dr.-Ing.; 1996–2002 Bauingenieurstudium RWTH Aachen; 2002–2008 wissenschaftlicher Mitarbeiter RWTH Aachen; 2008 Promotion am Lehrstuhl für Stahlbau der RWTH Aachen; seit 2008 Knippers Helbig Advanced Engineering, seit 2010 Mitglied der Geschäftsleitung.

Peretti, Giulia geb. 1983, Arch.; 2002–2005 Studium Architektur (Bachelor) und 2005–2008 Studium Architektur für die Nachhaltigkeit (Master) an der Universität IUAV Venedig/Italien; seit 2008 Nachhaltigkeitsberaterin und seit 2013 Teamleiterin Bereich Nachhaltigkeit bei Werner Sobek Green Technologies; seit 2013 DGNB-Auditorin; seit 2017 Sachverständige Nachhaltiges Bauen (STI).

Peter, Boris geb. 1970, Dipl.-Bauingenieur; 1992–1999 Bauingenieur- und Architekturstudium Universität Stuttgart; 1999–2001 KPFF Consulting Engineers (Portland, Oregon, USA); seit 2001 Knippers Helbig Advanced Engineering, seit 2008 Mitglied der Geschäftsleitung, seit 2013 Geschäftsführender Gesellschafter, Mitbegründer der Niederlassung in Berlin; seit 2016 Lehrtätigkeit für Tragwerkslehre an der Universität Aarhus, Dänemark.

Peters, Stefan geb. 1972, Prof. Dr.-Ing.; 1992–1998 Bauingenieurstudium Universität Stuttgart; Projektingenieur 1998–2000 im Ingenieurbüro Prof. Kirsch, Stuttgart; 2001–2002 bei Werner Sobek Ingenieure GmbH & Co. KG, Stuttgart; 2000–2006 wiss. Assistent bei Prof. Dr.-Ing. Jan Knippers und Prof. Dr.-Ing. Günter Eisenbiegler, ITKE, Stuttgart; Dissertation über Klebeverbindungen von GFK mit Glas; seit 2006 Engelsmann Peters Beratende Ingenieure GmbH, Stuttgart; seit 2010 Professor für Tragwerksentwurf an der TU Graz, Österreich; seit 2013 Dekan der Fakultät Architektur der TU Graz.

Plieninger, Sven geb. 1964; 1985–1991 Bauingenieur-Studium an der Universität Stuttgart; seit 1991 Ingenieur bei schlaich bergermann partner, Stuttgart, seit 2000 Partner, seit 2002 Geschäftsführer; seit 2012 Geschäftsführer von schlaich bergermann partner in Shanghai; mehrere Auszeichnungen, u. a. IOC/IAKS Awards 2013 in Gold für Sportbauten in China.

Prause, Christoph geb. 1973, Bauoberrat Dipl.-Ing.; 1995–2000 Bauingenieurstudium, TU Darmstadt; 2001–2003 Baureferendariat, Fachrichtung Bahnwesen, Eisenbahn-Bundesamt (EBA), Bonn; 2003–2009 Stellv. Sachbereichsleiter Bautechnik, EBA-Außenstelle München; 2009–2016 Anhörungsverfahren Schienenprojekte / Arbeitsbereichsleiter BOStrab, Regierung von Oberbayern; seit 2017 Abteilungsleiter Konstrukt. Ingenieurbau, Staatliches Bauamt Weilheim.

Reßlhuber, Alexander geb. 1981, Dipl.-Ing. Architekt; Studium der Architektur an der Hochschule für angewandte Wissenschaft und Kunst Fachhochschule Hildesheim/Holzminden/Göttingen; in den Bereichen Wettbewerb, Entwurfs- und Ausführungsplanung tätig: seit 2007 Büro baumschlager+eberle Architekten in St. Gallen; seit 2009 Architektur- und Ingenieurbüro pbr Planungsbüro Rohling AG.

Rieger, Wolfgang geb. 1964, Dipl.-Ing. (Univ.); 1985–1990 Studium Bauingenieurwesen, TU München; 1991–2002 Bauleitung bei Fa. Walter Bau AG, Augsburg; 2003–2005 Bauüberwachung bei IB Seib, Würzburg; 2005–2006 Nachtragsbearbeitung bei IB Gebauer, München; seit 2006 Bauüberwachung IB EDR GmbH, München u. a. mit Abstellungen zum Staatlichen Bauamt Weilheim.

Schäfer, Sven geb. 1984, Dipl.-Ing.; 2005–2010 Studium im Fachbereich Bauingenieurwesen an der Technischen Universität München; seit 2011 Bauingenieur bei HFH Ingenieure GmbH in Mehring/Burghausen (2015 Umfirmierung zu HSB Ingenieure GmbH); seit 2013 Bauvorlageberechtigter und Nachweisberechtigter für Brandschutz, Bayerische Ingenieurekammer-Bau; 2013–2015 Masterstudium Vorbeugender Brandschutz Hochschule Zittau/Görlitz in Kooperation mit EIPOS Europäisches Institut für postgraduale Bildung GmbH.

Scheible, Florian geb. 1973, Dipl.- Ing. Arch.; 1992–1995 Ausbildung als technischer Zeichner; 1995–1999 Architekturstudium Universität Brauschweig; 1999–2002 Architekturstudium Universität Stuttgart; 1999–2002 Freier Konstrukteur bei Schlaich Bergermann und Partner, 2002–2003 Projektarchitekt; seit 2003 Architekt und Projektleiter bei Knippers Helbig Advanced Engineering, seit 2008 Mitglied der Geschäftsleitung.

Schlaich, Mike geb. 1960, Dr. sc. techn.; Bauingenieurstudium und Promotion an der ETH Zürich; 1993 Einstieg bei schlaich bergermann, 1999 Geschäftsführer schlaich bergermann partner, seit 2004 ordentlicher Professor an der TU Berlin; seit 2005 Prüfingenieur für Baustatik; 2016 Goldmedaille der „Institution of Structural Engineers, London"; seit 2017 Mitglieder der Berlin-Brandenburgischen Akademie der Wissenschaften.

Seidel, Martin geb. 1986, M. Eng. Dipl.-Ing. (FH); 2005–2010 Studium Stahl- und Metallbau, Hochschule Mittweida; 2010–2011 Tragwerksplaner SBC Stahlbau Consult, Magdeburg; 2011–2013 Studium Master Bauingenieurwesen, Hochschule München; seit 2013 Projektleiter Brückenbau bei SEH-Engineering (früher Eiffel Deutschland Stahltechnologie).

Sobek, Werner geb. 1953, Prof. Dr. Dr. E.h. Dr. h.c.; 1974–1980 Studium der Architektur und des Bauingenieurwesens an der Universität Stuttgart; 1987 Promotion im Bauingenieurwesen an der Universität Stuttgart; seit 1995 Leiter des Instituts für Leichtbau Entwerfen und Konstruieren (ILEK) der Universität Stuttgart; seit 2017 Sprecher des Sonderforschungsbereichs SFB 1244.

Spang, Dieter geb. 1943; 1965–1968 Studium an der Ingenieurschule Dortmund; 1968 Ausbildung zum Schweißfachingenieur an der SLV Duisburg; 1968–1969 Statiker bei den Wilke Werken in Braunschweig; 1969–1974 Statiker und Projektleiter bei Krupp Stahlbau Berlin; 1974–2002 Leiter des Technischen Büros bei Krupp Stahlbau Berlin; seit 2002 Geschäftsführender Gesellschafter der Ingenieurgesellschaft für Stahlbau Gregull + Spang in Stahnsdorf.

Speckbacher, Markus geb. 1976, Dipl.-Ing.; 1996–2000 Bauingenieurstudium an der FH München, Vertiefung im Konstruktiven Ingenieurbau; 2000–2008 Bauingenieur bei Haumann & Fuchs Ingenieurgesellschaft mbH in Traunstein; 2008–2013 Geschäftsführung im Ingenieurbüro HFH INGENIEURE GmbH in Mehring/Burghausen; seit 2009 Bauvorlageberechtigter, Nachweisberechtigter für Standsicherheit, Bayerische Ingenieurekammer-Bau; seit 2014 Geschäftsführender Gesellschafter im Ingenieurbüro HFH INGENIEURE GmbH in Mehring / Burghausen (2015 umfirmiert in HSB Ingenieure).

Stacher, Susanne geb. 1969, Dr. phil.; 1988–1995 Architekturstudium an der Universität für Angewandte Kunst in Wien; 1995–2008 Projektleiterin in diversen Architekturbüros, zunehmend mit Schwerpunkt im Bereich Fassade; seit 2008 Lehrbeauftragte an der École nationale supérieure d'architecture de Versailles; 2016 Promotion am Lehrstuhl für Architekturgeschichte der Universität für Angewandte Kunst in Wien und der École nationale supérieure d'architecture de Versailles.

Steinbock, Oliver geb. 1987; Bauingenieurstudium 2008–2012 an der FH Coburg und 2012–2014 an der TU Dresden; seit 2014 Wissenschaftlicher Mitarbeiter am Institut für Massivbau der TU Dresden; seit 2018 Tragwerksplaner bei Curbach Bösche Ingenieurpartner mbH, Dresden.

Stihl, Thomas geb. 1961, Dipl.-Ing.; 1982–1986 Studium Maschinenbau Fachrichtung Stahlbau, FH Dortmund; 1986–1992 Konstruktions-Ingenieur bei Thyssen Engineering, Dortmund; 1992–1998 Gruppenleiter Regaltechnik/Stahlleichtbau bei Thyssen Umformtechnik; 1998–2007 Projektleiter Brückenbau bei ThyssenKrupp Stahlbau; seit 2007 Bereichsleiter für Sonderkonstruktionen/Systembrücken bei SEH-Engineering.

Stracke, Matthias geb. 1969, Dipl.-Ing.; 1990–1996 Studium Bauingenieurwesen an der TU Dortmund; seit 1996 bei Bollinger + Grohmann; 2001 Wissenschaftlicher Mitarbeiter an der Universität Kassel; 2011–2015 als Vertreter der gemeinschaftlichen Firma BGKI (Bollinger Grohmann, Florian Kosche) in Oslo; seit 2015 Geschäftsführer von Bollinger + Grohmann Ingeniører AS in Oslo.

Strobl, Wolfgang geb. 1961, Dipl.-Ing.; bis 1990 Studium Ingenieurwesen an der Universität Graz/Österreich; 1994–2007 Gruppenleiter und Mitglied der Geschäftsleitung bei Leonhardt, Andrä und Partner Beratende Ingenieure VBI AG; 2007–2016 Abteilungsleiter Hochbau sowie Brücken- und Ingenieurbau bei der Schüßler-Plan Ingenieurgesellschaft mbH Berlin; seit 2016 Geschäftsführer der Schüßler-Plan Generalplanungsgesellschaft mbH.

Teuffel, Patrick geb. 1970; 1991–1996 Bauingenieurstudium Universität Stuttgart; 1997–1999 Tragwerksplaner bei ARUP London; 1999–2003 Wiss. Mitarbeiter an der Universität Stuttgart; 2004 Promotion am ILEK, Universität Stuttgart; 2003 Gründung von TEUFFEL ENGINEERING CONSULTANTS; 2008–2013 Professor Architectural Engineering TU Delft; seit 2012 Professor Innovative Structural Design TU Eindhoven.

Weilandt, Agnes geb. 1974, Prof. Dr.-Ing.; 1993–1999 Bauingenieurstudium RWTH Aachen; 1999–2004 Mitarbeiterin bei Werner Sobek Ingenieure; 2001–2005 wiss. Mitarbeiterin an der Universität Stuttgart (ILEK); 2007 Promotion an der Universität Stuttgart; seit 2006 Projektleiterin, seit 2011 Partnerin bei Bollinger + Grohmann; seit 2010 Professorin für Baustatik, Baumechanik und Konstruktiver Ingenieurbau an der Frankfurt University of Applied Sciences.

BILDVERZEICHNIS

Titelbild
Futurium Berlin, Foto: Schüßler-Plan/Hanns Joosten.

Hightech im Denkmal – Elemente aus technischer Kaltkeramik für die Staatsoper Unter den Linden in Berlin
Aufmacher: Marcus Ebener; Bilder 1, 2 (rechts), 7: HG Merz; Bild 2 (links): Marion Schiele; Bilder 3–6: Knippers Helbig; Bilder 8–13: FIBER-TECH Construction GmbH.

Große Klappen für den Hamburger Hafen – Neubau der Rethe-Doppelklappbrücke
Alle Bilder: Ingenieurbüro Grassl GmbH.

Ein herausragender Ort für Präsentation und Dialog – Das Futurium im Berliner Regierungsviertel
Aufmacher, 3, 4, 7, 8: Schüßler-Plan/Hanns Joosten; Bilder 1, 2: Dacian Groza, Berlin; Bild 5: Richter Musikowski; Bild 6: Schnepp Renou, Berlin; Bilder 9–11: BIM (© Schüßler-Plan).

Ein Superblock mit einem Himmel aus transluzenten Kissen – Die neue Ingenieurschule CentraleSupélec im Süden von Paris
Aufmacher, Bilder 7, 11, 15: Vitor Oliveira; Grafiken 1, 2, 3: OMA, 9, 12, 14: B+G Ingenieure; Bilder 4, 5, 8, 10, 16: B+G Ingenieure, David Chavez; Bilder 6, 13: Philippe Ruault.

Die Ästhetik des Bauens – Die Taminabrücke in der Schweiz
Aufmacher, Bilder 2, 4, 8, 12: LAP; Bilder 1, 5–7, 9–11, 13–15: Tiefbauamt Kanton St. Gallen; Bild 3: Gnädiger Architektur Modellbau GmbH.

Schwungvolle Überdachung – Die Schierker Feuerstein Arena
Aufmacher, Bilder 3 (Zeichnung), 4, 7, 8, 10–12: schlaich bergermann partner; Bilder 1, 2, 5, 6, 9: Michael Moser Photography.

Bauen mit Rezyklaten – Die Experimentaleinheit UMAR im Schweizer NEST-Campus
Aufmacher, Bilder 5–9, 11: Zooey Braun, Stuttgart; Bilder 1–3: Werner Sobek, Stuttgart; Bild 4: Wojtek Zawarski, Stettin; Bild 10: René Müller, Stuttgart.

Stimmige Vereinbarkeit von Holzbau und Brandschutz – Die neue Turnhalle in Haiming
Alle Fotos: Sebastian Schels; alle Zeichnungen: Almannai Fischer Architekten, HSB INGENIEURE GmbH.

Ein Himmel aus Glas – Die filigrane Freiform-Gitterschale über dem Einkaufszentrum Chadstone in Melbourne
Aufmacher, Bilder 3–5, 10: Aaron Pocock Photography; Bild 1: probuild; Bilder 2, 6: CallisonRTKL Inc.; Bild 7: Engelsmann Peters; Bilder 8, 9: seele.

Weltbekanntes Baudenkmal erhält nicht nur hübsches Kleid – Neues Prora auf Rügen
Aufmacher, Bild 2: Wohnen in Prora Vermögensverwaltungs GmbH & Co. KG; Bilder 1, 5–9: TEUFFEL ENGINEERING CONSULTANTS; Bild 3: Stuke Architekten, Neuzeichnung: Rosemarie Scheller; Bilder 4, 10, 11: Stuke Architekten.

Eine einladende Material-Melange mit sehr viel Transparenz – Das neue Empfangsgebäude der HanseMerkur Versicherung AG in Hamburg
Aufmacher, Bilder 8–11: Frank Löschke; Bilder 1–7: Buthmann Ingenieur-Stahlbau AG.

Kreative Ingenieurkunst in Norwegens Hauptstadt – Die neue Deichmanske Bibliotek
Aufmacher, 4–7, 11, 12, 14, 15: Bollinger + Grohmann Ingenieure; Bilder 1–3, 10, 13: Lund Hagem Arkitekter, AtelierOslo; Bild 8: Doka; Bild 9: Armeringsservice AS.

Leuchtendes Symbol über den Bergbau hinaus – Das Saarpolygon auf der Halde Duhamel in Ensdorf
Aufmacher, Bilder 1, 2, 5, 7–10: BergbauErbeSaar e.V.; Bilder 3, 4: pfeiffer sachse architekten bdi; Bild 6: Gregull + Spang; Bild 11: Becker&Bredel.

Eine markante Klammer zwischen Bahnhof und Stadt – Der neue Busbahnhof von Rheine
Alle Fotos: Stefan Brückner; alle Planskizzen: pbr Planungsbüro Rohling AG.

Bau der längsten SS80-Brücke Deutschlands – Die Echelsbacher Behelfsbrücke
Aufmacher, Bilder 4, 7: BSE AIRpix/Sebastian Jahn; Bilder 1, 3, 8, 10: Staatliches Bauamt Weilheim; Bilder 2, 5, 6, 9: SEH Engineering GmbH.

Ein stadtbildprägender Bau erfindet sich neu – Sanierung und Umbau des Finnlandhauses in Hamburg
Aufmacher: Carl-Jürgen Bautsch; Bilder 1–4, 6–9, 12–16: Ingenieurbüro Dr. Binnewies, Hamburg; Bilder 5a und b: Jan Heinze, Hamburg; Bild 5c: Robert Häusser, Mannheim; Bilder 10, 11: HPP Architekten, Hamburg.

Bewahrung der ältesten Kultstätte der Menschheit – Ein Schutzdach für den Göbekli Tepe
Aufmacher: kleyer.koblitz Architekten (Rendering); alle Fotos: Deutsches Archäologisches Institut; alle Zeichnungen: arge göbekli tepe.

Die Schwingen des Phönix – Das Glasdach der Jinji Lake Mall in Suzhou
Aufmacher, 2, 5, 9, 10: 苏州恒泰控股集团有限公司; Zeichnungen Bild 1, 3, 8, Rendering Bild 4, 6, Foto Bild 7: schlaich bergermann partner.

Energiekonzepte als wesentlicher Bestandteil nachhaltigen Bauens
Bilder 1, 2: Roland Halbe, Stuttgart; Bilder 3, 6, 7a: Zooey Braun, Stuttgart; Bild 4: Ulrich Schwarz, Berlin; Bilder 5, 7b, 9, 10: © Werner Sobek, Stuttgart; Bild 8: Johannes Vogt, Mannheim.

Die Querbahnsteighalle des Hauptbahnhofes Leipzig als ein typisches Projekt Willy Gehlers
Bilder 1, 4: Bildbearbeitung: Knut Stegmann; Bild 2: Universitätsarchiv TU Dresden; Bild 3: Fotoarchiv Verkehrsmuseum Dresden; Bilder 5, 9: Sächsisches Wirtschaftsarchiv e.V. Leipzig (zuvor: Planarchiv Dyckerhoff & Widmann am Institut für Baukonstruktion – TU Dresden), Scan: Martin Tasche; Bild 10: Oliver Steinbock.

Blick in die Nachbarschaft – Bemerkungen zu Ingenieurwettbewerben in der Schweiz
Bilder 1–3, 6–11, 14–16: Rhätische Bahn; Bilder 4, 12, 13, 17, 18: Jürg Conzett; Bild 5a: Archiv historic RhB; Bild 5b: aus Friedrich Hennings „Projekt und Bau der Albulabahn", 1908, Tafel 11.

Baukultur in Deutschland – Ingenieurwettbewerbe im Brückenbau
Aufmacher, Bilder 1, 3–5: Institut für Massivbau der Leibniz Universität Hannover; Bild 2: Hermann Kolbeck, Kolbeck-Fotografie für DB-Netze/DBAG; Bild 6: free2rec/Ignacio Linares.

Buchrückseite
Chadstone Shopping Centre, Melbourne/Australien, Foto: Aaron Pocock Photography.

IMPRESSUM

Herausgeber
Bundesingenieurkammer
Joachimsthaler Straße 12
10719 Berlin

Beirat
Prof. Annette Bögle, HCU Hamburg
Prof. Harald Kloft, TU Braunschweig
Prof. Werner Lorenz, BTU Cottbus
Dr. Frank Heinlein, Werner Sobek Group GmbH
Prof. Natalie Stranghöner, Universität Duisburg-Essen
Rainer Ueckert, Bundesingenieurkammer

Redaktion
Verlag Ernst & Sohn

Bibliografische Information der Deutschen Nationalbibliothek
Die Deutsche Nationalbibliothek verzeichnet diese Publikation
in der Deutschen Nationalbibliografie;
detaillierte bibliografische Daten sind im Internet über
http://dnb.d-nb.de abrufbar.

© 2019 Wilhelm Ernst & Sohn
Verlag für Architektur und technische Wissenschaften GmbH & Co. KG,
Rotherstraße 21, 10245 Berlin, Germany

Alle Rechte, insbesondere die der Übersetzung in andere Sprachen,
vorbehalten. Kein Teil dieses Buches darf ohne schriftliche
Genehmigung des Verlages in irgendeiner Form – durch Fotokopie,
Mikrofilm oder irgendein anderes Verfahren – reproduziert oder in eine
von Maschinen, insbesondere von Datenverarbeitungsmaschinen,
verwendbare Sprache übertragen oder übersetzt werden.

All rights reserved (including those of translation into other languages).
No part of this book may be reproduced in any form – by photoprinting,
microfilm, or any other means – nor transmitted or translated into a
machine language without written permission from the publisher.

Die Wiedergabe von Warenbezeichnungen, Handelsnamen oder
sonstigen Kennzeichen in diesem Buch berechtigt nicht zu der
Annahme, dass diese von jedermann frei benutzt werden dürfen.
Vielmehr kann es sich auch dann um eingetragene Warenzeichen
oder sonstige gesetzlich geschützte Kennzeichen handeln, wenn
sie als solche nicht eigens markiert sind.

Grafikdesign Sophie Bleifuß, Berlin
Herstellung HillerMedien, Berlin
Bildbearbeitung bildpunkt Druckvorstufen GmbH, Berlin
Druck und Bindung Medialis, Berlin

Printed in the Federal Republic of Germany.
Gedruckt auf säurefreiem Papier.

ISBN 978-3-433-03259-6